U0083406

古代歷史文化研究輯刊

三編

王明蓀 主編

第15冊

北宋陝西路商業活動

江天健 著

國家圖書館出版品預行編目資料

北宋陝西路商業活動／江天健 著 — 初版 — 台北縣永和市：
花木蘭文化出版社，2010〔民99〕
目 2+170 面；19×26 公分
（古代歷史文化研究輯刊 三編；第 15 冊）
ISBN：978-986-254-100-5（精裝）
1. 商業史 2. 商業地理 3. 北宋
490.92　　99001262

ISBN - 978-986-2541-00-5

古代歷史文化研究輯刊
三 編 第十五冊　　ISBN：978-986-254-100-5

北宋陝西路商業活動

作　者 江天健
主　編 王明蓀
總編輯 杜潔祥
出　版 花木蘭文化出版社
發行所 花木蘭文化出版社
發行人 高小娟
聯絡地址 台北縣永和市中正路五九五號七樓之三
電話：02-2923-1455 ／傳眞：02-2923-1452
網　址 http://www.huamulan.tw 信箱 sut81518@ms59.hinet.net
印　刷 普羅文化出版廣告事業
初　版 2010 年 3 月
定　價 三編 30 冊（精裝）新台幣 46,000 元

北宋陝西路商業活動

江天健　著

作者簡介

江天健，國立中興大學歷史學系學士（1979），私立中國文化大學史學研究所碩士（1984），博士（1989），美國德州大學奧斯汀分校訪問學者（1997），現任國立新竹教育大學環境與文化資源學系教授。主要研究興趣為宋代社會經濟史、歷史地理等範圍，著有《北宋對於西夏邊防研究論集》（台北：華世，1993），《北宋市馬之研究》（台北：國立編譯館，1995），發表論文計有二十餘篇。

提　要

傳統上認為中國自唐代中葉安史之亂以來經濟重心逐漸南移，相對上，往往很容易忽略對於當時北方經濟發展之研究。事實上，中國各處懋遷有無，相互倚賴，構成一個不容分割之完整脈絡，故北宋時期北方經濟仍有其可觀之處。

當時陝西路儘管喪失昔日隋唐盛世核心地位，但受到宋夏長期對峙，軍需迫切；拉攏西方諸國，以夷制夷；邊陲地區自然人文環境特質等因素影響，形成對於區域內、外及國際貿易活動十分頻繁，實居於商業流通圈的樞紐地位；並且具有特殊之處，例如：馬匹、糧稍及解鹽貿易等等，非其他地方所能取代的，成為北宋全國經濟活動之重要一環。若不深入探討，無法盡窺宋代社會經濟之全貌。

本文分成四部分來探討，首先，論述陝西路地理沿革、自然人文景觀；其次，分析本路商業活動概況；再者，從與國內其他地區商業活動及對西夏、西方諸國等地國際貿易活動兩個角度來進行剖析；最後，作一結論，以為結束。

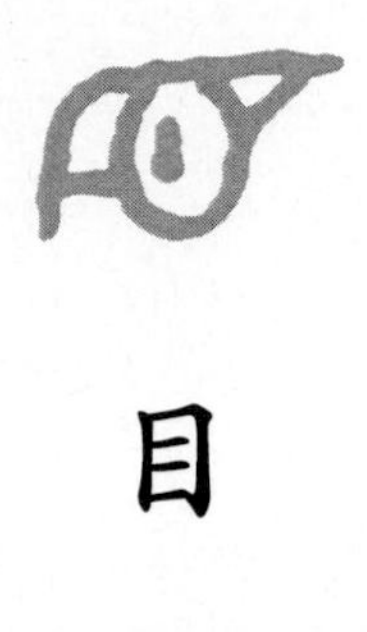

目次

附　圖

附　表

第一章　前　言

宋代爲國史上關鍵時期，無論政治、社會、經濟、文化各方面均有重大變化，其中社會經濟變化尤爲劇烈，概括而言，有下列幾項特徵：

一、商業繁榮，坊市制度崩潰，都市商業化傾向日趨濃厚。

二、貨幣經濟發達，需求及供給量激增，紙幣（交子）出現，大量使用信用證券（鈔引）。

三、分工日趨精細，行會組織普遍，全國構成一個相互流通交換不可分割之經濟體系。

凡此己具現代經濟雛型，西方學者稱這段期間爲「商業革命」。〔註1〕

中國歷史悠久、幅員廣大，各地隨著時間推移及區域發展而有所差異。北宋全國約可分成三大區域，一以京師汴梁爲中心，涵蓋京東、西，河北、東，陝西等西北諸路，汴京爲當時全國政治、文化、經濟中心，加上北宋長期與遼、夏對峙，形成以消費型態爲主之經濟區域；二以兩浙、江南、淮南、福建等路爲主之東南諸路，由於經濟重心之南移，本區成爲重要生產經濟區域；三爲四川，自成獨立一範圍，是經濟特殊區域。〔註2〕三個區域相互流通倚賴，使全國構成一個完整不可分割經濟體系。

研究社會經濟史，除掌握整個時代潮流之外，對於個別區域之探討亦須等量齊觀。近年來，區域研究興起，蔚成風氣，以宋代而言，對東南諸路，由於一爲當時此發展迅速，居全國社會經濟重心位置；二爲史料較多，流傳

〔註 1〕James T. C. Liu & Peter J. Golas, ed, *Change is Sung China:Innovation or Renovation?*（Taipei, Rainbow-Bridge Reprinted, 1972）pp. 1～3.

〔註 2〕方豪，《宋史》（臺北，華岡出版社，民國 64 年 10 月三版），下冊，頁 97。

宋元方志多屬此區域，故成績斐然。反之，對西北諸路，蓋因關中殘破，經濟重心南移及遼、夏逼境等緣故，一般研究均着重軍事政治、對外關係等方面之探討，社會經濟則較乏人深入討論。事實上西北諸路商業活動不僅頻繁，尤具特色，其重要性不減其他二處，而陝西路在北方商業流通圈中居樞紐地位。研究宋代社會經濟史，若忽視本路情形，則易生偏頗。

其次歷史以時間爲經、空間爲緯，二者並重，北宋陝西路在時間上，長期與西夏對峙；在空間上，由核心精華區域變成邊陲要地。因爲地域特質，本區產生國際貿易體系，又受時代影響，此種國際貿易體系與漢唐盛世迥然相異，充分反映出有宋一代之特殊性。

基於前述區域研究及對外貿易特殊性，本文擬分成四部份探討，首先論述本區地理沿革、自然人文景觀，次及本路商業活動概況，再從與國內商業活動及對國外貿易活動兩個角度剖析，最後嚐試給予合理解釋與評價。囿於史料有限，蒐羅匪易，謹將搜集所得，綜合、歸納、比較、分析，排比鋪陳敍述，冀望有助於宋代區域性研究及對外關係之探討。

第二章　陝西路沿革及自然人文景觀

從事區域研究，必先瞭解其沿革及自然人文景觀，進而闡發其重要性，以期達到歷史研究之目的，本文亦不例外，首從這些方面著手。

第一節　沿革、建置及重要性

宋代陝西路西接羌戎，東界潼、陝，南抵蜀、漢，北際朔方，為〈禹貢〉中雍州全部；梁、冀、豫三州部份；〔註 1〕即今日陝西北、中部及甘肅東北部。開發甚早，新石器文化就起源於境內無數小河流域之黃土台地或丘岡。〔註 2〕周武王克殷，立都於鎬京，其地為王畿。平王東遷，以岐豐之地賜給秦襄公，乃為秦地。春秋時代除了秦國之外，可考者有梁、召、崇、畢、豐、韓、賈、杜、鄭、西戎、義渠、白翟、晉之西境等十三國，戰國時期大部份仍為秦之疆域，小部份分屬魏、趙二國。秦始皇統一天下，於境內設置內史、北地、上郡、九原、隴西、雲中西南境等六郡。兩漢時為郡十六；縣二百三十一。西晉則為郡國十九；縣九十九。五胡亂華，北方混亂，本區先後為劉聰、石勒、苻堅、姚萇所據，最後入赫連勃勃手中，州縣之名不可得而紀之。北魏時置北秦、雍、南秦等三州，西魏、北周繼起，分裂制置，名稱甚多。隋代為郡二十九；縣一百五十七。唐代則分屬京畿、隴右、關內及山南、河

〔註 1〕脫脫，《宋史》（點校本，臺北，鼎文書局，民國69年5月再版），卷八七，〈地理〉三，頁2170。

〔註 2〕何柄棣，《黃土與中國農業起源》（香港，中文大學，1969年4月初版），頁178。

東、河南部份等道，有州四十三；縣一百七十三。〔註3〕

北宋立國，地方行政區劃呈現著新舊交替的過渡狀況，一方面沿襲唐代舊有制度，共分十三道，〔註4〕淳化四年（993）分爲兩京十道，〔註5〕本區皆稱爲關西道。另外一方面則銳變出新的制度，罷節鎭統支郡，以轉運使領諸路事。〔註6〕太平興國二年（977）分陝西爲河北、河南路，又有陝府西路，後併一路。〔註7〕至道三年（997）正式分天下爲十五路，本區爲陝西路。〔註8〕神宗熙寧五年（1072）分永興軍、秦鳳兩路，永興軍路置轉運使於永興軍，提點刑獄司於河中府；秦鳳路則置轉運使於秦州，提點刑獄司於鳳翔府。〔註9〕元豐元年（1078）轉運司統管兩路，以陝西路爲名，而提刑、提舉司仍舊分路。〔註10〕永興軍、秦鳳兩路遂成爲提刑、提舉司路，轉運司路則仍舊稱爲陝西路。不久全國增置二十三路，陝西轉運司路又析爲永興軍、秦鳳兩路。〔註11〕哲宗元祐元年（1086）詔提刑、提舉司路不再分路，統稱爲陝西路。徽宗政和中，在熙河、秦鳳二路各增置漕臣二員，使得本區轉運司路衍爲陝西、熙河、秦鳳三路。宣和初，以漕臣三員分領六路，陝西六路皆有轉運司，後旋廢止。宣和四年（1122）天下分路二十六，又爲永興軍、秦鳳兩路。〔註12〕

除上述一般行政區劃之外，尚有因軍事需要而分路，仁宗慶曆元年（1041）分陝西沿邊爲秦鳳、涇原、環慶、鄜延四路，神宗熙寧五年（1072）以熙、

〔註3〕馬端臨，《文獻通考》（武英殿本，臺北，新興書局影印，民國52年10月新一版），卷三二二，〈輿地八〉，頁考2527～2529。

〔註4〕樂史，《太平寰宇記》（嘉慶八年南昌萬氏刊本，臺北，文海出版社影印，民國51年11月初版），目錄，卷上，頁10～18；卷下，頁1～9。

〔註5〕王應麟，《玉海》（合璧本，臺北，大化書局影印，民國62年7月出版），卷一八，頁394。

〔註6〕李燾，《續資治通鑑長編》（以下簡稱《長編》）（新定本，臺北，世界書局影印，民國53年9月出版），卷四二，太宗至道三年十二月戊午條。

〔註7〕王存，《元豐九域志》（乾隆四十九年桐城馮氏聚德堂刊五十三年重校本，臺北，文海出版社影印，民國51年11月初版），卷三，頁117。

〔註8〕《長編》卷四二，太宗至道三年十二月戊午條。

〔註9〕《長編》卷二四〇，神宗熙寧五年十一月壬申條。

〔註10〕王存，前引書，卷一，頁23。

〔註11〕王應麟，《通鑑地理通釋》（汲古閣，臺北，廣文書局影印，民國60年9月初版），卷三，頁154；《宋史》卷八五，〈地理一〉，頁2097。

〔註12〕張家駒，〈宋代分路考〉，收入《宋遼金元史論集》第一輯（臺北，漢學出版社，民國66年12月臺一版），頁75～77。

河、洮、岷州、通遠軍爲熙河路，後再加上永興軍路，共爲六路，各置經略安撫司。〔註 13〕

總之，北宋陝西路行政區域劃分有二，一以轉運司爲主，分成永興軍、秦鳳兩路，一以經略安撫司爲主，分成永興、鄜延、環慶、秦鳳、涇原、熙河六路。本文採取習慣上稱呼，將永興軍、秦鳳兩轉運司路合稱爲陝西路。

最後，陝西自古以來絜南北之輕重，位置形勢十分重要。章如愚云：

> 自蜀江東下，黄河南注，而天下大勢分爲南北，故河北、江南皆天下制勝之地。而絜南北之輕重者又在川陝而已。夫江南所恃以爲固者長江也，而四川之地據長江上游，而下臨吳楚，其勢足以奪長江之險。河北所恃以爲固者黄河也，而陝西之地據黄河上游，而下臨趙代，其勢足以奪黄河之險，是川陝二地常制南北之命。〔註 14〕

當秦、西漢、隋、唐大一統之時，本區居全國政治、經濟、文化之中心。到了北宋雖因京師遷於汴京，經濟重心南移，喪失昔日之光彩，卻又由於西夏逼境，變成邊陲國防要地，這是本區歷史發展上的一大變局。簡言之，本區地理位置雖在時間推移中，由原先核心區域變成邊陲區域，風貌與前代截然不同，然形勢的重要性卻絲毫未變。

〔註 13〕《宋史》卷八七，〈地理〉三，頁 2143。

〔註 14〕章如愚，《羣書考索》（明正德戊辰年刻本，臺北，新興書局影印，民國 58 年 9 月新一版），續集，卷四七，〈川陝六路條〉，頁 4604。

附圖一　北宋陝西路地形全圖

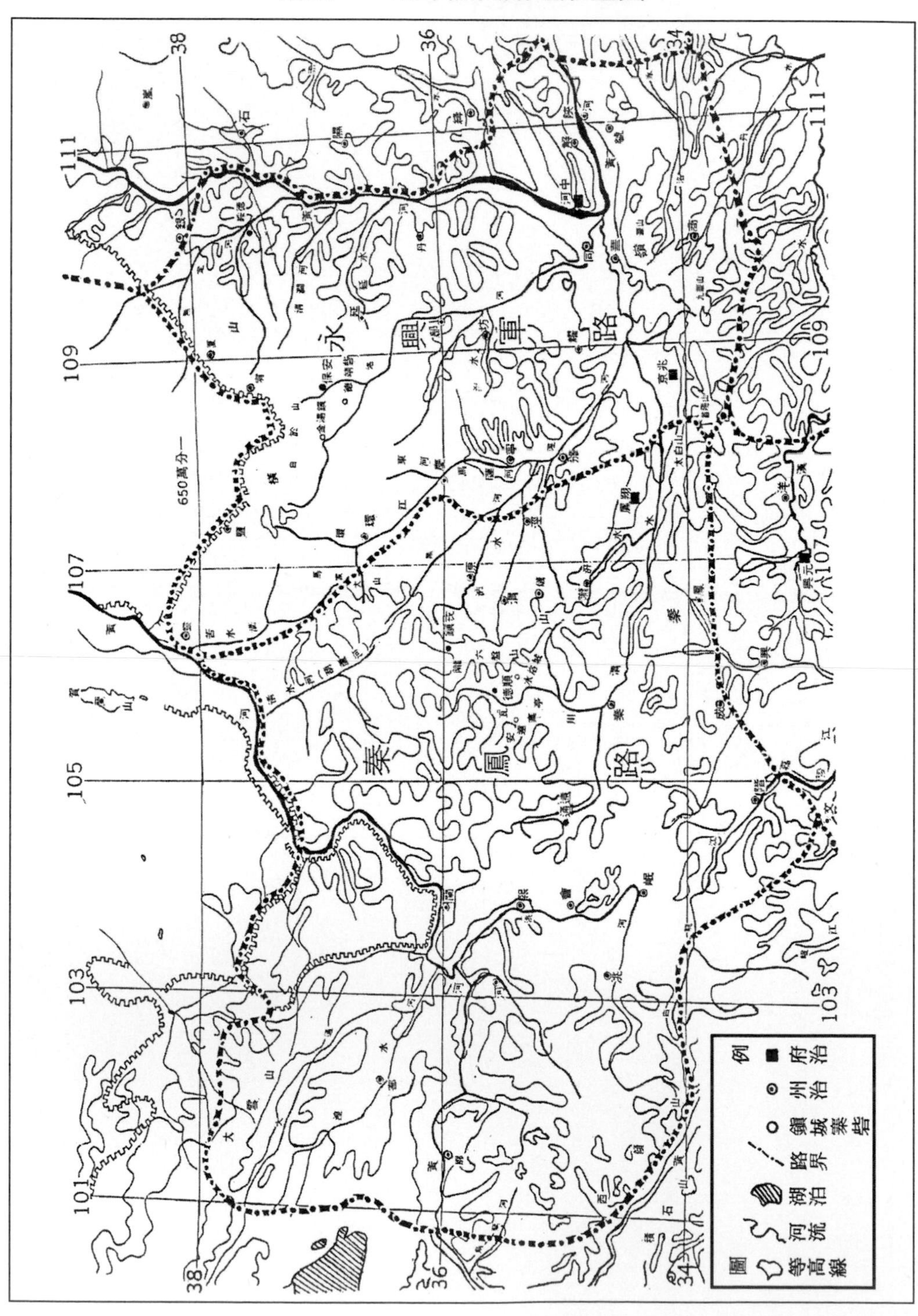

第二節　自然景觀

本區包括陝甘、隴西高原及渭河盆地，為我國黃土高原一部份。陝甘高原四周均向內部傾斜，地形上呈現分割高原狀態，構造上則為盆地。隴西高原亦為盆地，後屢經上升與侵蝕。渭河盆地屬於地塹構造，西始寶雞、東越黃河，與山西安邑盆地相連續。〔註 15〕茲就山脈、河川、氣候三方面加以敘述。

一、山　脈

本區境內有秦嶺、隴山、橫山、西傾、積石等山脈，其中較重要者有三：

秦嶺山脈東西走向，是我國自然與人文地理天然分界線，橫亘關中南面，西起秦隴，東徹藍田，蜿蜒八百里。〔註 16〕由於高聳於秦、蜀邊境上，造成兩地聯絡之不便。

隴山位於隴州汧源縣（陝西隴縣）西六十二里，〔註 17〕為南北走向，稍成弧形山脈。鎮戎軍（甘肅固原縣）西南德順軍隆德砦（甘肅隆德縣）、渭州平涼縣（甘肅平涼縣）間的六盤山，高達三千三百公尺，曲折峻阻，盤旋而上，故稱絡盤道。〔註 18〕隴山北連沙漠，南帶汧渭、關中四塞，為西面之險。〔註 19〕其東麓有一重要斷層，致使聳峙成背斜高山，〔註 20〕若落入夏人手中，會造成宋人仰守，夏人俯攻之劣勢，所以宋廷對於此山國防價值十分重視，眞宗咸平初，詔曹瑋修建鎮戎軍，自隴山而東，沿著古長城開峻壕塹，以隔胡騎，大中祥符初，在隴山（六盤山）外築籠竿城，仁宗慶曆三年（1043）升建為德順軍。〔註 21〕隴山盡入宋人控制。

橫山為橋山之北麓，其勢南連耀州，北抵鹽州，東接延州，綿亘八百餘

〔註 15〕王益厓，《中國地理》（臺北，正中書局，民國 67 年 8 月臺十七版），上冊，頁 70～71。

〔註 16〕顧祖禹，《讀史方輿紀要》（桐華書屋校補敷文閣藏板龍萬育刊原刻本，臺北，新興書局影印，民國 56 年 6 月一版），卷五二，陝西一，〈隴坻條〉，頁 1094。

〔註 17〕樂史，前引書，卷三二，〈關西道八〉，隴州，頁 270。

〔註 18〕王益厓，前引書，下冊，頁 592、593。

〔註 19〕顧祖禹，前引書，卷五二，陝西一，〈隴坻條〉，頁 1094。

〔註 20〕王益厓，前引書，下冊，頁 592。

〔註 21〕曾公亮，《武經總要》（四庫全書珍本初集，臺北，臺灣商務印書館影印，民國 58～59 年出版），前集，卷十八上，〈陝西路鎮戎、德順軍條〉，頁 21、23。

里，邠、寧、環、慶、延、綏、鄜、坊諸郡邑皆在橋山之麓。〔註 22〕种諤嘗言：「橫山亙袤，千里沃壤，人物勁悍，善戰多馬，且有鹽鐵之利，夏人恃以為生。」〔註 23〕其中位於慶州樂蟠縣北三十里的白於山，曾受強烈侵蝕，形成一些寬達數公里的狹長窪地，俗稱澗地，地下水豐富，植被生長情形良好，景觀與周圍沙漠迥然不同，〔註 24〕《山海經》云：「上多松柏，下多櫟檀，其獸多㸲牛、羬羊，其鳥多鴞。」〔註 25〕形勢非常險要。朱熹即說：

> 關中之山皆自西而東，若橫山之險乃山之極高處，本朝則自橫山以北盡為西夏所有，據高以臨我，是以不可都也，神宗銳意欲取橫山，夏人以死爭之。〔註 26〕

故成為宋夏必爭之地。

二、河　川

本區河川眾多，或屬溝深崖峭，急流湧漲；或屬河床寬廣，旱時可涉水而過，雨時泛濫無定，水流切割侵蝕作用很大，因此地形上一為谷深崖峭的平川，一為平坦廣大高原，呈現分裂破碎狀態。由於本區旱季較長，這些河流河谷往往成為交通要道。〔註 27〕主要水系有黃、洛、涇、渭等河。

黃河蜿蜒於本區東境，流經延、丹、同、華、虢、陝等州及河中府，與河東路隔河相望，西岸有延水、清澗、無定等河注入其中。黃河本身因有禹門口、三門諸險，交通運效益受到限制。但西岸支流源於靈、夏州境內，對於宋朝國防威脅很大。宋廷為鞏固邊防，置重鎮於延州，選將屯兵，與諸路相聲援。〔註 28〕神宗熙寧二年（1069）收復綏州（陝西綏德縣），廢為城，隸屬延州；元豐七年（1084）以延州米脂等六城寨隸屬綏德城，哲宗元符二年（1099）十一月升為綏德軍，並將青澗城諸處隸軍，使得綏德軍扼無定、清澗河地勢利害之處。

〔註 22〕顧祖禹，前引書，卷五二，陝西一，〈橋山條〉，頁 1096、1097。

〔註 23〕《長編》卷三二八，神宗元豐五年七月丙戌條。

〔註 24〕陳正祥，《中國文化地理》（臺北，龍田出版社，民國 71 年 4 月出版），頁 144。

〔註 25〕郭璞，《山海經》，（四部叢刊正編，江安傅氏雙鑑樓藏明成化本，臺北，臺灣商務印書館影印，民國 68 年 11 月臺一版），卷二，頁 17。

〔註 26〕馬端臨，前引書，卷三二二，〈輿地八〉，頁考 2529。

〔註 27〕王益厓，前引書，下冊，頁 582，583。

〔註 28〕馬端臨，前引書，卷三二二，〈輿地八〉，頁考 2531。

洛河發源於白於山西南麓、流經保安軍（陝西保安縣）、延州甘泉縣（陝西甘泉縣）、鄜州洛交、洛川縣（陝西鄜縣、洛川縣）、坊州中部縣（陝西中部縣），納沮水，又經耀州境內，入漆水，至同州朝邑縣（陝西朝邑縣）合渭水入黃河。洛河縱貫本區，由沿邊順著河谷可直達關中，宋廷特置保安軍以爲扼阻。保安軍的德靖砦（陝西保安縣西南八十里）北控循著洛河河谷入西夏金湯鎮的大路，〔註29〕尤爲衝要。

涇河發源於渭州平涼縣西南方的隴山東麓，是渭河最大支流。流經涇州長武縣（陝西長武縣），納汭水、馬蓮河；再歷邠州淳化縣（陝西淳化縣）、永壽縣（陝西永壽縣）、京兆府醴泉縣（陝西醴泉縣）、咸陽縣（陝西咸陽縣）、涇陽縣（陝西涇陽縣），至高陵縣（陝西高陵縣）西南二十里入渭河。戰國時期利用涇河開鑿鄭國渠，宋代嘗修三白渠、〔註30〕豐利渠，〔註31〕有「關中溉田之利，莫如涇水」之令譽。〔註32〕流域面積遼闊，由渭州緣涇河大川直抵涇、邠州，略無險阻，夏人可以出沒，難於防守。〔註33〕涇河上游馬蓮河有二源，一在環州（甘肅環縣）西北；一在慶州（甘肅慶陽縣）北，河谷道路平直，四通八達，〔註34〕宋廷特置馬嶺、木波、石昌等鎮扼之。〔註35〕汭水發源於隴山，防守邊面相對擴大，宋代邊防以涇原、環慶二路較急，與涇河有密切關係。

渭河發源於渭州渭原縣（甘肅渭源縣）境內鳥鼠山，流經秦（甘肅天水縣）、隴（陝西隴縣）州南界，至鳳翔府寶雞縣（陝西寶雞縣），北納汧水，東經岐山縣（陝西岐山縣）、扶風縣（陝西扶風縣）南、郿縣（陝西郿縣）北，斜水自南注入，造成著名的斜谷，提供穿越秦嶺捷徑；又經京兆府鄠縣（陝西鄠縣）北、咸陽縣南、灃、鎬二水自南流入，再歷京兆府萬年、長安二縣（西安市）北，霸、滻水亦自南流入，又歷臨潼縣（陝西臨潼縣）北，高陵縣（陝西高陵縣）南，涇水由北而入，再經華州渭南縣（陝西渭南縣）北，至同州朝邑縣（陝西朝邑縣）南，漆、沮水亦由北注入，最後至華州華陰縣

〔註29〕曾公亮，前引書，卷十八上，〈德靖砦條〉，頁7。
〔註30〕《宋史》卷九四，河渠，〈三白渠條〉，頁2345～2347。
〔註31〕李好文，《長安志圖》（經訓堂叢書本，臺北，大化書局影印，民國69年11月初版），卷下，頁4～8。
〔註32〕顧祖禹，前引書，卷五二，陝西一，〈涇水條〉，頁1101。
〔註33〕《長編》卷一三九，仁宗慶曆三年正月條。
〔註34〕《長編》卷一三二，仁宗慶曆元年六月條。
〔註35〕曾公亮，前引書，卷十八上，〈馬嶺、木波、石昌鎮條〉，頁14、15。

（陝西華陰縣）流入黃河。渭河蜿蜒於陝西南境，傍依秦嶺北麓而行，雖遠離西夏邊境，但上游支流瓦亭川（今名長源水）在隴山外，於秦州附近入渭河；西夏可從儀州（甘肅華亭縣）西南生屬戶八王界至水洛城（甘肅莊浪縣東南），再循瓦亭川，直下秦州；或可從鎮戎軍石門峽南下，沿著瓦亭川，至安遠（甘肅通渭縣東南六十里）、伏羌寨（甘肅伏羌縣），再沿渭河可達秦州。〔註 36〕因此渭河上游爲邊防重陲，中、下游則爲關中精華區域。

三、氣　候

氣候與人類活動有密切關係。陝西位於北緯三十四至四十度間，屬於溫帶華北草原型氣候。年雨量自一、二百至五百公厘，集中於七、八或八、九月，八月是雨量最多的月份。〔註 37〕然歷史演變中，氣候並非一成不變。〔註 38〕

根據考古報告，新石器時代半坡遺址（西安市附近）有水麞和竹鼠兩種熱帶動物化石，可見當時氣候較現在溫暖潮濕。〔註 39〕到西漢時期，南山（秦嶺）有「秔、稻、梨、栗、桑、竹箭之饒，土宜薑芋，水多䵹魚。」，〔註 40〕氣候仍舊十分溫暖潮濕。隋唐時代宮中種植梅花、柑桔、氣候顯得和暖。〔註 41〕到了宋代，氣候卻變得寒冷些。十一世紀初期華北已不知有梅樹，〔註 42〕沈括嘗記載延州永寧關（陝西延川縣東南七十里）黃河岸邊地下得竹笋化石，當時延州素無竹，沈氏推測該地曠古以前地卑氣濕宜竹，〔註 43〕可見宋代陝西路的氣候較前寒冷。當時有不少詩描寫長安酷冬的情形；例如：強至《祠部集》卷一，五言古詩〈京華對雪〉云：「嘉祐歲庚子，長安一尺雪，落地還成冰，后土凍欲裂。」劉敞《公是集》卷十，五言古詩〈和江鄰幾雪軒與持國同賦二首〉中云：「長安雖大雪，車馬無休時。」宋初甚至有大臣因邠州（陝西邠縣）苦寒，不

〔註 36〕《長編》卷一三二，仁宗慶曆元年六月條。

〔註 37〕王益厓，前引書，下冊，頁 585、586。

〔註 38〕竺可楨，〈中國近五千年來氣候變遷的初步研究〉（《考古學報》，1972 年第一期，1972 年 11 月出版），頁 35～38。

〔註 39〕同前註，頁 17。

〔註 40〕班固，《漢書》（點校本，臺北，鼎文書局，民國 68 年 2 月二版），卷六五，頁 2849。

〔註 41〕竺可楨，前引文，頁 22。

〔註 42〕竺可楨，前引文，頁 23。

〔註 43〕沈括，《夢溪筆談》（四部叢刊續編，上海涵芬樓景印明刊本，臺北，臺灣商務印書館影印，民國 65 年 6 月臺二版），卷二十一，〈異事〉，頁 12685。

御毛羯，冷氣致腹疾而卒的現象。〔註44〕

氣候寒冷之外，本區天災也相當頻繁，以水、旱、蝗蟲、地震、山崩等災爲例，根據《宋會要》、《文獻通考》、《宋史》三書統計，在北宋至少出現一百次。茲將列表於後，以明之。

表一：北宋陝西路自然天災統計表

時間					受災情形	資料出處
帝號	年號	西元	年	月		
祖	建隆	961	二	七	丹州義州、雲巖二縣大雨雹。	《通考》卷三〇五
		962	三		河中府、延州等地春夏不雨。	《宋史》卷六六〈五行四〉
					延、寧二州雪盈尺，溝血復冰，草木不華，丹州雪二尺。	《宋史》卷六二〈五行一下〉
	乾德	964	二	正	陜、虢、靈州旱，河中府旱甚。	《通考》卷三〇四
				五	陝西有蝗。	《宋史》卷六二〈五行一下〉
				六	秦州蝗	《宋史》卷一〈太祖本紀〉
				七	同州郃陽縣雨雹並害稼。	《通考》卷三〇五
				八	延州膚施縣風雹隕霜。	同前
		965	三	七	陝西路蝗。	《宋史》卷六二〈五行一下〉
					河中府河漲。	《通考》卷二九六
		966	四		華州旱。	《通考》卷三〇四
		968	六	七	階州蚎蚄蟲生。	《宋史》卷六七〈五行五〉
	開寶	970	三		邠州夏旱。	《通考》卷三〇四
					同州大風雨雹害稼。	《通考》卷三〇五
					虢州水災，害民田。	《通考》卷二九六
		974	七		解州夏旱。	《通考》卷三〇四
		975	八		關西饑旱甚。	同前

〔註44〕曾鞏，《隆平集》（四庫全書珍本二集，臺北，臺灣商務印書館影印，民國60年出版），卷十三，〈侍從徐鉉〉，頁4。

太宗	太平興國	977	二	六	陝州壞浮梁，失舟十五。	《通考》卷二九六
		981	六		河中府河張，陷連隄，溢入城，壞軍營七所，民舍百餘區，鄜、延、寧州並三河水漲溢入州城，鄜州壞軍營，延州壞倉庫，軍民廬舍千六百區，寧州壞州城五百餘堵，軍營、神祠、民舍五百二十區。	同前
		982	七	三	京兆府渭水漲，壞浮梁，溺者五十四人，耀州水害禾稼。	同前
				四	陝州蝗。	《宋史》卷六二〈五行一下〉
				七	京兆府咸陽縣渭水漲，壞浮梁，工人溺死五十四人	《通考》卷二九六
				九	邠州蝗蛢蟲生，食稼。	《宋史》卷六七〈五行五〉
					虢州旱。	《通考》卷三〇四
		983	八	六	陝州河水漲，壞浮梁。	《通考》卷二九六
				七	鄜州河水漲溢入城，壞官寺、民舍四百餘區。	同前
		984	九	八	延州南北兩河漲溢，入東西兩城，壞官寺、民舍	同前
	熙雍	986	三		階州福清縣青龍峽山圮壅白江，水逆流，高十丈許，壞民田數百里。	《通考》卷三〇二
	淳化	990	元	正～四	鳳翔、京兆府、乾、同州旱。	《通考》卷三〇四
				七	秦州隴城縣大雨，壞官私廬舍殆盡，溺死者百三十七人。	《通考》卷二九六
				八	京兆、長安八縣旱。	《宋史》卷五〈太宗本紀〉
		991	二	四	京兆府河水漲，壞咸陽縣浮梁，漂艦十七。	《通考》卷二九六
					陝西旱。(《宋史》卷六六作淳化三年)	《通考》卷三〇四
		992	三	三	商州霜，花皆死。	《宋史》卷六二〈五行一下〉
				九	京兆府大雪，殺苗稼。	同前
				十	商州上津縣大雨，河水溢壞民舍，溺者三十七人。	《通考》卷二九六
					商州旱。(《宋史》卷六六作淳化四年)	《通考》卷三〇四

太宗	淳化	993	四	二	商州大雪，民多凍死。	《宋史》卷六二〈五行一下〉
				六	秦州隴城縣大雨，牛頭河漲二十丈，沒溺居人廬舍。	《通考》卷二九六
	至道	996	二	閏七	陝州河漲，漂大樹，壞浮梁，失連艦。	同前
				十	潼關西、靈、夏、環、慶等州地震，城郭廬舍多壞。占云：「兵饑。」是時西戎寇靈州。	《通考》卷三〇一
眞宗	咸平	998	元	七	鳳翔府境，山水暴漲，閤門袛候王壽永家屬八人溺死。	《宋史》卷六一〈五行一上〉
		999	二	七	陝州靈寶縣暴雨崖圮，壓居民，死者二十二戶。	《通考》卷三〇二
		1001	四	正	秦州成紀縣山摧，壓死六十餘人。	同前
				七	同州洿谷水溢，夏陽縣民溺死者數十人。	《通考》卷二九六
				九	慶州地震者再。	《通考》卷三〇一
	景德	1004	元	八	陝蟲螟害稼。	《宋史》卷六七〈五行五〉
		1005	二	六	寧州山水汎溢，壞民舍軍營，多溺死者。	《通考》卷二九六
		1007	四	七	渭州瓦亭砦旱霜傷稼。	《宋史》卷六二〈五行一下〉
					渭州瓦亭寨地震者四。	《通考》卷三〇一
					秦州成紀縣崖圮，殺居民。	《通考》卷三〇二
	大中祥符	1009	二	八	鳳州大水，漂溺居民。	《通考》卷二九六
					陝西路夏旱。	《通考》卷三〇四
		1010	三	九	河決河中府白浮圖村。	《通考》卷二九六
		1011	四	五	京兆旱。	《宋史》卷八〈眞宗本紀〉
		1012	五	七	慶州淮安鎭山水暴漲，漂溺居民。	《通考》卷二九六
		1013	六	六	保安軍積雨，河溢浸城壘，壞廬舍，判官趙震溺死，又兵民溺者凡六百五十人。	同前
				九	陝西同、華等州蝗蝻蟲食苗。	《宋史》卷六七〈五行五〉
		1014	七	六	秦州定西寨山水暴漲，有溺死者	《通考》卷二九六

眞宗	大中祥符	1015	八		坊州大雪、河溢。	《宋史》卷八〈眞宗本紀〉
		1016	九	六	秦州獨孤谷水漲，壞長道縣鹽官鎮城橋及官廨、民舍共二百九十五區，溺死者六十七人。	《通考》卷二九六
				七	延州洎定平、安遠、寨門、栲栳四寨山水漲溢壞隄城。	同前
	天禧	1017	元	二	陝西等州軍，蝗蝻復生，多去歲蟄者。	《宋史》卷六二〈五行一下〉
				九	鎮戎軍彭城寨風雹，害民田八百餘畝。	《通考》卷三〇五
					陝西夏旱。	《通考》卷三〇四
仁宗	天聖	1025	三		陝西旱。	《宋史》卷九〈仁宗本紀〉
		1027	五	三	秦州地震。	《通考》卷三〇一
				十一	京兆府旱蝗。	《宋史》卷六二〈五行一下〉
					華州旱，蚜蚄蟲食苗。	《宋史》卷九〈仁宗本紀〉
	明道	1033	二		陝西蝗。	《宋史》卷十〈仁宗本紀〉
	皇祐	1052	四	八	鄜州大水，壞軍民廬舍。	《宋史》卷六一〈五行一上〉
英宗	治平	1064	元	六	慶州淮安鎮河水泛漲，摧東山三百餘步，居民壓溺而沒者四十餘家。	《宋會要》〈瑞異〉三之三
					耀州、河中府，慶成軍旱。	《通考》卷三〇四
神宗	熙寧	1068	元		鄜州秋雨雹。	《通考》卷三〇五
		1070	三		陝西等諸路旱。	《通考》卷三〇四
		1072	五	九	華州少華山前阜頭峯，越八盤嶺及谷摧陷於石子坡，東西五里，南北十里，潰散墳裂，湧起堆阜，各高數丈，長若隄岸，至陷居民六社，凡數百戶，林木廬舍亦無存者。	《通考》卷三〇二
		1074	七	六	熙州大雨，洮河溢，陝州大雨，漂溺陝、平陸二縣。	《通考》卷三〇三
				九	陝西路復旱，時新復洮河亦旱，羌戶多殍死。	《通考》卷三〇四
					自春至夏，陝西諸路久旱。	同前
		1075	八		鄜、涇州夏雨雹。	《通考》卷三〇五

神宗	熙寧	1076	九	八	陝西旱。	《通考》卷三〇四
					陝西夏蝗。	《宋史》卷六二〈五行一下〉
		1077	十		陝西春旱。	《通考》卷三〇四
					夏，鄜州雨雹，秦州大雨雹。	《通考》卷三〇五
	元豐	1079	二		陝西路春旱。	《通考》卷三〇四
		1080	三		西北諸路春旱。	同前
哲宗	元祐	1086	元	十二	華州鄭縣界小敷谷山頹，傷居民。	《通考》卷三〇二
					陝西等路旱。	《宋史》卷六六〈五行四〉
		1088	三		諸路秋旱，京西、陝西尤甚。	《通考》卷三〇四
		1089	四		陝西地震。	《通考》卷三〇一
		1092	七	九	蘭州、鎮戎軍、永興軍地震。	同前
				十	環州地再震。	同前
	元符	1099	二	六	久雨，陝西大水河溢，漂人民，壞廬舍。	《宋史》卷六一〈五行一上〉
徽宗	大觀	1107	元		秦鳳路旱。	《宋史》卷二〇〈徽宗本紀〉
		1109	三	七	階州久雨，江溢。	《宋史》卷六一〈五行一上〉
	政和	1117	七	七	熙河、環慶、涇原路地震。	《宋史》卷二一〈徽宗本紀〉
	宣和	1121	三		陝西等諸路蝗。	《宋史》卷二二〈徽宗本紀〉
		1123	五		秦鳳路旱。	《通考》卷三〇四
		1124	六		陝西等地大震。	《宋史》卷二二〈徽宗本紀〉
		1125	七		熙河路地震，蘭州尤甚。	《通考》卷三〇二

受災次數以太、眞宗二朝各二十四次最烈，依次爲太祖十七次，神宗十三次，哲、徽宗二朝各七次，仁宗六次，英宗二次。就災害種類來分，以水災三十次爲最多，旱災二十九次（其中二次爲旱蝗災）次之，二者共占百分之五十九。若以神宗爲界，在這之前水災出現二十七次，旱災出現十八次；此後水災僅出現三次，旱災出現十一次，由旱災分佈均匀及水患日趨減少情

形來看，陝西路氣候可能趨於乾燥。另外，值得注意的是地震，共出現十次，其中六次在哲宗元祐四年（1089）至徽宗宣和六年（1124）的三十五年間，顯示此時地殼活動十分頻繁。這些天災對宋朝國力影響很大，李繼遷叛宋二十三年間（982～1004）有二十八次災害；神宗熙、豐用兵西方時，卻遭到一連串旱災，間接打擊宋廷軍事力量，由於天災、兵禍併至，民生益形凋敗，影響本區經濟活動。

第三節　人文景觀

陝西地區開發很早，為秦、西漢、隋、唐等朝代國都之所在，人文萃集，至宋代雖已漸形沒落，但地處宋夏邊境，有其特殊可觀之處，茲分成人口與民風、物產二方面來敘述。

一、人口與民風

宋代戶口有主、客戶之分，是一個饒富興趣的問題。今根據《太平寰宇記》、《元豐九域志》、《宋史》〈地理志〉等書，說明陝西路戶口情形。

表二：北宋太宗太平興國，神宗元豐、徽宗崇寧年間陝西府州軍主、客戶數、口數及客戶占總數百分比表

《太平寰宇記》						
道　名	府州軍名	主　戶	客　戶	總 戶 數	戶數多寡順　序	客戶所佔百 分 比
河南道	陝　州	12,544	4,899	17,443	11	28
	虢　州	4,473	4,679	9,152	18	51
河東道	蒲　州	21,888	3,593	25,481	6	14
	解　州	7,250	1,477	8,727	20	17
山南道	商　州	3,763	1,305	5,068	24	26
關西道	雍　州	34,450	26,276	60,726	1	43
	同　州	22,676	4,819	27,495	4	18
	華　州	10,169	6,946	17,115	13	41
	耀　州	19,800	6,108	25,908	5	24
	慶　州	4,394	7,587	11,981	16	63
	邠　州	14,112	5,785	19,897	8	29

關西道	寧　州	11,148	6,833	17,980	10	38
	鄜　州	8,901	12,968	21,869	7	59
	坊　州	4,075	8,080	12,155	15	66
	丹　州	4,146	2,638	6,784	22	39
	延　州	12,719	4,272	16,991	14	25
	通遠軍	2,722	2,235	4,957	25	45
	保安軍	714	714	989	27	28
	乾　州	7,369	1,756	9,125	19	19
	鳳翔府	26,790	13,315	40,105	3	33
	涇　州	12,171	5,209	17,380	12	30
	原　州	3,436	3,549	6,985	21	51
	隴　州	10,971	8,606	19,577	9	44
隴右道	秦　州	19,144	24,177	43,321	2	56
	成　州	3,760	5,880	9,640	17	61
	渭　州	1,231	1,292	2,523	26	51
	階　州	1,069	4,620	5,689	23	81
總　計		285,885	179,178	465,063		39

《元豐九域志》

路　名	府州軍名	主　戶	客　戶	總戶數	戶數多寡順　序	客戶所佔百分比
永興軍路	陝　州	32,840	11,552	44,392	9	26
	虢　州	10,606	6,965	17,571	24	40
	河中府	49,351	5,516	54,867	8	10
	解　州	25,004	3,931	28,935	16	14
	商　州	18,089	62,336	80,425	3	78
	京兆府	158,072	65,240	223,312	1	29
	同　州	69,044	10,556	79,600	5	13
	華　州	68,344	11,836	80,180	4	15
	耀　州	19,802	6・108	25,910	19	24
	慶　州	12,638	6,383	19,021	23	34
	邠　州	53,652	6,185	59,837	7	10
	寧　州	33,268	4,106	37,374	14	11
	鄜　州	19,442	7,674	27,116	17	28
	坊　州	8,236	5,403	13,639	27	40
	丹　州	7,988	1,847	9,835	28	19

永興軍路	延　州	24,918	1,849	36,767	15	5
	環　州	4,199	2,384	6,583	29	36
	保安軍	919	122	1,041	33	12
	合　計	626,413	319,993	846,405		26
秦鳳路	鳳翔府	127,018	44,511	171,529	2	26
	涇　州	18,218	7,772	25,990	18	30
	原　州	16,840	5,561	22,401	22	25
	隴　州	15,702	9,072	24,774	20	37
	秦　州	43,236	23,808	67,044	6	36
	成　州	12,000	2,659	14,659	26	18
	渭　州	26,640	10,996	37,636	13	29
	階　州	23,936	17,725	41,661	10	43
	鳳　州	20,294	17,900	38,194	11	47
	岷　州	29,960	7,761	37,721	12	21
秦鳳路	熙　州	1969	1,157	1,356	32	85
	河　州	295	296	591	35	50
	蘭　州	419	224	643	34	35
	鎮戎軍	1,434	2,696	4,130	31	65
	通遠軍	1,390	3,337	4,727	30	71
	德順軍	7,589	9,152	16,741	25	55
	合　計	345,170	164,627	509,797		32
總　計		971,582	384,620	1,356,202		28

《宋史》〈地理志〉

路　名	府州軍名	戶　數	口　數	戶數多寡順序	每戶平均口數
永興軍路	陝　州	47,806	135,701	11	2.84
	虢　州	22,490	47,563	22	2.11
	河中府	79,964	227,030	6	2.84
	解　州	32,356	113,321	16	3.50
	商　州	73,129	162,534	7	2.22
	京兆府	234,699	537,288	1	2.29
	同　州	81,011	233,965	5	2.89
	華　州	94,750	269,380	4	2.84
	耀　州	102,667	347,535	3	3.39
	慶　州	27,853	96,433	19	3.46
	邠　州	58,255	162,161	8	2.78

永興軍路	寧　州	37,558	122,041	14	3.25
	鄜　州	35,401	92,415	15	2.61
	坊　州	13,408	40,191	14	3.00
	延　州	50,926	169,216	9	3.32
	環　州	7,183	15,532	25	2.16
	保安軍	2,042	6,931	27	3.39
	合　計	1,001,498	2,779,237		2.78
秦鳳路	鳳翔府	143,374	322,378	2	2.25
	涇　州	28,411	88,699	18	3.12
	原　州	23,036	63,499	21	2.76
	隴　州	28,370	89,750	19	3.16
	秦　州	48,648	123,022	10	2.53
	成　州	12,964	33,995	25	2.62
	渭　州	26,584	63,512	20	2.39
	階　州	20,674	49,520	23	2.40
	鳳　州	37,796	61,145	13	1.62
	岷　州	4,570	67,731	12	1.67
	熙　州	1,893	5,254	29	2.78
	河　州	1,061	3,895	30	3.67
	蘭　州	395	981	31	2.48
	鎮戎軍	1,961	8,057	28	4.11
	通遠軍	4,878	11,857	26	2.43
	德順軍	29,269	126,241	17	4.31
	合　計	449,884	1,119,536		2.49
	總　計	1,451,382	3,898,773		2.69

太宗太平興國年間陝西地區（除鳳、岷二州之外）戶數共計四六五、○六三戶；主戶爲二八五、八八五戶，客戶爲一七九、一七八戶，占總戶數百分之三九。（見表二）神宗元豐年間人口統計有《元豐九域志》、《文獻通考》所引畢仲衍〈中書備對〉二種記錄，但稍有些出入。根據〈中書備對〉記載，（見表三）陝西路總戶數爲九六二、三一八戶，比太宗太平興國年間增加了四九七、二五五戶，達一倍多，居全國第八位，超過四川四路，占全國總戶數百分之十弱。其中主戶爲六九七、九六七戶，增加四一二、○八二戶；客戶爲二六四、三五一戶，增加八五、一七三戶，客戶占總戶數百分之二七，較太平興國年間降低百分之十二，客戶的減少，可能與戰亂客戶大量流出境外謀生

及實施方田均稅法有關，另將弓箭手列入主戶計算，〔註 45〕大大提高主戶所占比率，自然降低客戶所占比率。口數爲二、七六一、八○四口，居全國第四位，僅次於成都府、兩浙、江南西路，在北方諸路中無出其右者，占全國總口數百分之八強，每戶平均口數爲二・八七。此外尙有丁數記載，陝西路爲一、四九三、五八七丁，占陝西路總口數百分之五四，全區一半以上爲勞動人口，提供豐富人力資源。

表三：《文獻通考》中的神宗元豐年間一府十八路戶、口數及客戶所占百分比統計表（卷十一〈户口考二〉）

路　名	主　戶	客　戶	主客戶合計	合計次序	客戶占合計的比率%	口　數	次序
天下總四京十八路	10,109,542	4,743,144	14,852,686		32	17,846,837	
東京開封府	171,324					212,493	
京東路	817,983	552,817	1,370,800	2	40	2,546,677	5
京西路	383,226	268,516	651,742	11	41	1,102,887	14
河北路	765,130	219,065	984,195	7	22	1,880,184	9
陝府西路	697,967	264,351	962,318	8	27	2,761,804	4
河東路	383,148	67,721	450,869	14	15	890,651	17
淮南路	723,784	355,270	1,079,054	4	33	2,030,881	7
兩浙路	1,446,406	383,690	1,830,096	1	21	3,223,695	2
江南東路	902,261	171,499	1,073,760	5	16	1,899,455	8
江南西路	871,720	493,813	1,365,533	3	36	3,075,847	3
荊湖南路	456,431	354,626	811,057	9	44	1,828,130	10
荊湖北路	350,593	238,709	589,302	12	41	1,212,000	12
福建路	645,267	346,820	992,087	6	35	2,043,032	6
成都府路	574,630	196,903	771,533	10	26	3,653,748	1
梓州路	261,585	未列	不詳			1,413,715	11
利州路	179,835	122,156	301,991	15	40	1,051,740	16
夔州路	68,375	未列	不詳			468,067	18
廣南東路	347,459	218,075	565,534	13	39	1,134,659	13
廣南西路	163,418	78,691	242,109	16	33	1,055,587	15

〔註 45〕馬端臨，前引書，卷十一，〈户口二〉，頁考 114。

再據王存《元豐九域志》統計（見表四），陝西路戶數爲一、三五六、二〇二戶，高居全國第二位，僅次於兩浙路，較太平興國年間增加了八九一、一四一戶，將近二倍；主戶爲九七一、五八二戶，增加了六八五、六九九戶；客戶爲三八四、六二〇戶，增加了二〇五、四四二戶，占總戶數百分之二八，從上述資料中戶數大幅增加情形來看，北宋陝西路人口成長十分迅速，除了熙、河等州新復地土之外，其餘大都爲人口自然成長。

表四：《元豐九域志》中的神宗元豐年間一府十八路主、客戶數及客戶所占百分比統計表

路　名	主　戶	客　戶	主客戶合計	合計次序	客戶對合計的比率%
東京開封府	183,770	51,829	235,599		22
京東路	789,640	478,692	1,268,332	5	38
京西路	479,775	436,865	916,640	9	48
河北路	891,676	340,983	1,232,659	6	28
陝府西路	971,582	384,620	1,356,202	2	28
河東路	463,418	110,757	574,175	14	19
淮南路	829,637	521,427	1,351,064	3	39
兩浙路	1,418,682	360,259	1,778,941	1	20
江南東路	926,225	201,086	1,127,311	7	18
江南西路	835,266	451,870	1,287,136	4	35
荊湖南路	475,677	395,537	871,214	10	45
荊湖北路	280,000	377,533	657,533	12	57
福建路	580,126	464,099	1,044,225	8	44
成都府路	620,523	243,880	864,403	11	28
梓州路	248,481	229,690	478,171	15	48
利州路	189,133	147,115	336,248	16	44
夔州路	75,432	178,908	254,340	8	70
廣南東路	355,986	223,267	579,253	13	39
廣南西路	195,144	63,238	258,382	17	24
總　計	10,810,175	5,661,655	16,471,830		34

徽宗崇寧年間，陝西路總戶數達到一、四五一、三八二戶，其中永興軍路為一、○○一、四九八戶，居全國第五位，秦鳳路則為四四九、八八四戶，居第十九位。（見表五）比神宗元豐年間〈中書備對〉記載，增加四八九、○六四戶，但與《元豐九域志》統計相較，僅增加九五、一八○戶，人口成長有緩慢趨勢，主要是秦鳳路人口頓減，少了五九、九一三戶，哲、徽宗二朝向西拓土，本路首當其衝，戰爭頻仍，人口流離喪失，同時賦役沈重，支梧繁夥，上戶不堪其擾，紛紛棄產移居京師。〔註 46〕其中鳳翔府減少二八、一五五戶最為劇烈。口數方面，〈中書備對〉記載為二、七六一、八○四口；每戶平均口數為二・八七口。徽宗崇寧初增加一、一三六、九六九口，達三、八九八、七七三口，永興軍路占當時全國第三位，僅次於江南西、兩浙路，秦鳳路則跌居第十七位，每戶平均口數則由二・八七口降低至二・六九口。

表五：北宋崇寧初全國各路戶、口數統計表

路　名	戶　數	口　數	每戶平均口　數	戶數多寡順　序	口數多寡順　序
京畿路	261,117	442,940	1.70		
京東東路	817,355	1,601,655	1.96	8	8
京東西路	526,107	1,321,156	2.51	17	13
京西南路	472,358	996,486	2.11	18	18
京西北路	545,098	1,254,371	2.30	15	15
河北東路	668,757	1,524,314	2.28	10	11
河北西路	526,704	1,289,086	2.45	16	14
河東路	613,532	2,521,761	4.11	12	4
永興軍路	1,001,498	2,779,237	2.78	5	3
秦鳳路	449,884	1,119,536	2.49	19	17
兩浙路	1,975,041	3,767,441	1.91	1	2
淮南東路	664,257	1,341,973	2.02	11	12
淮南西路	709,919	1,584,119	2.23	9	9
江南東路	1,012,168	2,009,997	1.99	4	7
江南西路	1,664,745	3,781,613	2.27	2	1

〔註 46〕《宋史》卷一七九，〈食貨一下〉，頁 4361。

荊湖北路	580,636	1,215,233	2.16	13	16
荊湖南路	952,397	2,180,072	2.29	6	6
福建路	1,061,759			3	
成都府路	882,519	2,492,541	3.02	7	5
潼川府路	561,898	1,535,862	2.73	14	10
利州路	295,829	637,050	2.15	20	19
夔州路					
廣南東路					
廣南西路					

備註：

一、福建路缺少口數記載，夔州、廣南東、西路戶數資料大都爲元豐年間資料，同時亦無口數數字，故本表不予列入。

二、徽宗崇寧元年（1102）全國總戶數爲二〇、二六四、三〇七，口數爲四五、三二四、一五四。（見《宋史》卷八五〈地理一〉）

三、本表資料出處爲《宋史》卷八五至九〇〈地理志〉

本區人口分佈以京兆府（雍州）、秦州、鳳翔府三處最多。太宗太平興國期間以京兆府、秦州爲中心形成二個稠密區域；京兆府包含周圍河中府、邠、寧、同、耀等州，大致爲涇、渭河下游流域，是陝西路心臟地帶，歷史上開發甚早，承襲隋唐遺緒，人口自然稠密。秦州則包含鳳翔府、隴州等地，大致爲渭河中游流域。神宗元豐年間對西方用兵，秦州成爲軍事重鎮，人口大量東移，鳳翔府取而代之，成爲稠密區域中心。徽宗崇寧初期，人口明顯向永興軍路集中，特別是京兆府一帶，呈現不均衡狀態，究其原因，仍與戰亂頻仍，人口流離喪失有關。人口稀疏地區則爲沿邊州軍，以西陲新關熙、河、蘭三州爲最。總之本區人口分佈受到地理環境、開發早晚、軍事等因素影響，東半壁多於西半壁，南端多於北端。

從主、客戶所占比率亦可顯示陝西路戶口特殊現象。太宗太平興國年間本區域客戶占總戶數百分之三九，各個府州軍之中，以階州百分之八一最高，河中府（蒲州）百分之一四最低。若依近裏、近邊、沿邊三個區域來劃分，近裏地區客戶比率爲百分之三七點四，近邊爲百分之四四點六，沿邊則爲百分之二八。（見表二）其中以近邊比率最高，主要是李繼遷叛宋，關輔生靈困於轉輸，逃離傜役，〔註 47〕以致客戶增多。到了神宗元豐年間，近裏、近邊二處客戶比率分別爲百分之二八點九，二五點五，沿邊則高達百分之五三點三，熙州甚至高達百分之八五，（見表二）造成這種情形的原因約有三點：

（一）許多弓箭手困於支移、折變而棄田逃走，〔註 48〕這些人自然成爲客戶。

（二）宋廷在熙河路推行官莊，〔註 49〕以養民兵，安置蕃部熟戶，佽助經費，捍衛邊鄙。〔註 50〕同時許多地方屯田有名無實，召人租佃。〔註 51〕這些耕種官田者即爲客戶。

（三）宋代統計人口，將蕃部列入客戶計畫，〔註 52〕使得沿邊客戶無形中昇高不少。元豐年間本區客戶占總戶數百分之二八，其中永興軍路爲百分之二六，秦鳳路爲百分之三二，（見表二）二路相差六個百分點，除了西方用兵，戰亂不已，人口流離喪失之外，由於秦鳳路爲西陲，遠離中央，地方性豪族勢力較強；土地使用方式採粗放農業，不同於經濟高度發展內地的精耕農業；〔註 53〕加上土地兼併激烈，特別是漢人常常典買蕃部土地，〔註 54〕客戶數目自然居多，充分反映出本區邊陲特性。

〔註 47〕《長編》卷四二，太宗至道三年十二月辛丑條。

〔註 48〕徐松，《宋會要輯稿》（以下簡稱《宋會要》）（上海大東書局印刷所影印本，臺北，世界書局影印，民國 53 年 6 月出版），〈食貨〉六三之七七。

〔註 49〕《宋會要》，〈食貨〉二之五。

〔註 50〕《宋會要》，〈食貨〉六三之一三九。

〔註 51〕《宋會要》，〈食貨〉一之三二。

〔註 52〕馬端臨，前引書，卷十一，〈戶口二〉，頁考 114。

〔註 53〕許倬雲，〈傳統中國社會經濟史的若干特性〉（《食貨月刊》復刊十一卷五期，民國 70 年 8 月 1 日出版），頁 201～205。

〔註 54〕李復，《潏水集》（四庫全書珍本二集，臺北，臺灣商務印書館影印，民國 60 年出版），卷十六，〈七言絕句〉，頁 11。

附圖二　北宋人口分佈圖

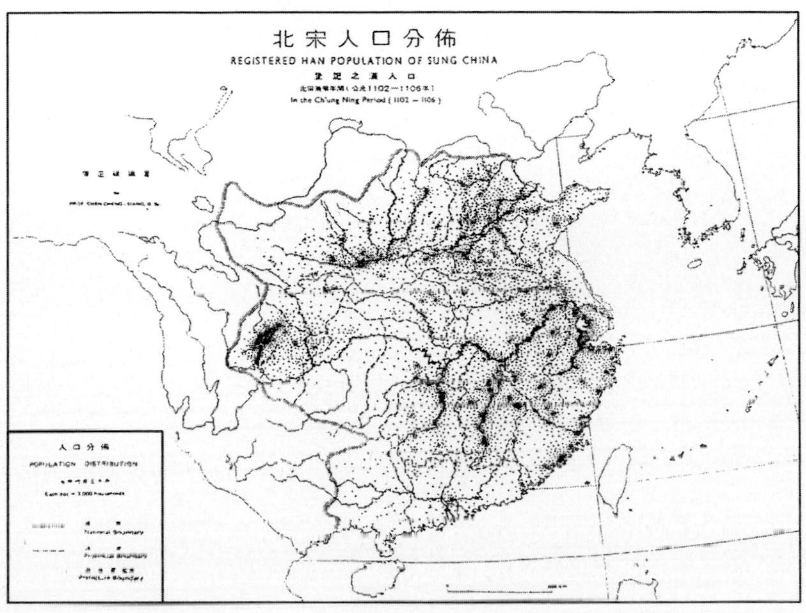

註：本圖採自陳正祥，《中國文化地理》，圖九，頁22～23間。

附圖三　北宋人口密度圖

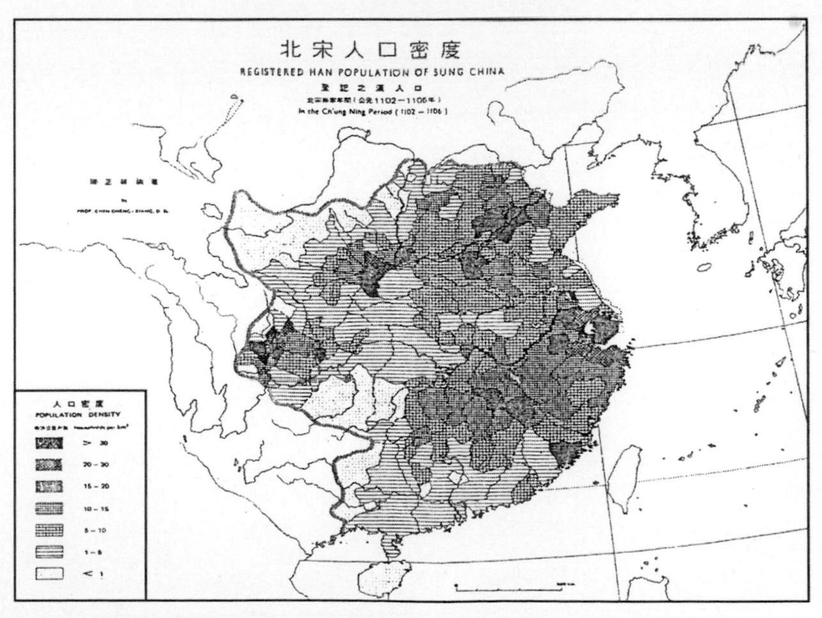

註：本圖採自陳正祥，《中國文化地理》，圖一〇，頁22～23間。

本區民風複雜，受到邊陲地區性格影響很深，總括來說，有三項特色。

（一）蕃漢雜居。除了原本定居於此及內附蕃族之外，有不少私自潛入中國，代人耕作，相互婚姻，居住下來。〔註 55〕政府雖十分重視夷夏之辨，不許蕃官自改漢姓，〔註 56〕不得換授漢官差遣及通婚、置買產業，〔註 57〕以示區別。但收效甚微，因此陝西路在民風方面充滿邊塞氣息。

（二）豪右遊俠。《宋史》〈地理志〉描寫本區民風時，提到關中「大抵夸尚氣勢，多遊俠輕薄之風，甚者好鬥輕死。」〔註 58〕以京兆府爲例，其地多仕族子弟，恃蔭縱橫，公然向政府挑戰，不易治理。〔註 59〕「世家則好禮文，富人則商賈爲利，閭里豪桀則游俠通姦。」〔註 60〕商賈富人車馬器服往往踰越定制，且役屬良民，豪奪巧取。〔註 61〕鳳翔府一帶也多豪俠大姓，與橫吏相互勾結，凌上慢法。〔註 62〕這種豪右遊俠風氣除了歷史傳統因素之外，〔註 63〕與位居邊陲，中央鞭長莫及，地方勢力抬頭有密切關係。〔註 64〕

（三）剽悍善武。由於受到藩漢雜居、豪右遊俠之影響，加上地處宋夏邊陲，養成一股剽悍善武風氣。一般百姓勁悍質木，善於鞍馬、射獵，〔註 65〕作戰能力強，漸漸取代東兵（禁軍），成爲對西夏戰

〔註 55〕王稱，《東都事略》，（臺北，文海出版社影印，民國 56 年 1 月出版），卷九一，李師中傳。頁 1394。

〔註 56〕趙汝愚，《宋名臣奏議》（四庫全書珍本二集，臺北，臺灣商務印書館影印，民國 60 年出版），卷一二五，范純粹，〈上哲宗乞不許蕃官自改漢姓〉，頁 6、7。

〔註 57〕趙汝愚，前引書，卷一二五，范純粹，〈上徽宗乞令蕃官不得換授漢官差遣〉，頁 7～11。

〔註 58〕《宋史》卷八七，〈地理三〉，頁 2170。

〔註 59〕江少虞，《宋朝事實類苑》（點校本，臺北，源流出版社，民國 71 年 8 月初版），卷二三，〈官政治績〉，頁 278。

〔註 60〕宋敏求，《長安志》（經訓堂叢書本，臺北，大化書局影印，民國 69 年 11 月初版），卷一，頁 6。

〔註 61〕范純仁、《范忠宣集》（四庫全書珍本八集，臺北，臺灣商務印書館影印，民國 67 年出版），忠宣公奏議，卷上，〈條列陝西利害〉，頁 30。

〔註 62〕陳襄，《古靈集》（四庫全書珍本三集，台北商務印書館影印，民國 60 年出版），卷二〇，〈駕部陳公墓誌銘〉，頁 12。

〔註 63〕宋敏求，前引書，頁 6。

〔註 64〕許倬雲，前引文，頁 201。

〔註 65〕《宋史》卷八七，〈地理三〉，陝西，頁 2170。

爭的主力。〔註66〕後期甚至派遣出境外討伐西南蠻夷。〔註67〕

二、物　產

陝西路物產種類繁多，《宋史》〈地理志〉描述本區「有銅、鹽、金鐵之產，絲、枲、林木之饒。」〔註68〕顯見以礦產、森林爲主。

宋代礦產記錄散在《宋會要》，《文獻通考》、《宋史》〈食貨志〉等書中，茲將陝西路情形列表說明。

表六：北宋陝西路礦產分佈及數量表

產地 時間 數量 礦產	北宋初期	英宗治平年間（1064～1067）	神宗元豐元年（1078）
金	商州。	商州。	商州洛南、商洛、上津、豐陽縣，課金無額；三十九兩，元年收五十六兩。
銀	鳳州開寶監，秦州隴城縣，隴州。	虢、秦、鳳、商、隴州。	商州元額九千七百九十七兩，元年收六千九百六十兩。 虢州元額三萬四千五百七十三兩，元年收二萬五千六百四十二兩。 鳳翔府元額一千八百五十兩，元年收九百二十九兩。 秦州元額二百二十兩，元年收一百四十九兩。 隴州元額七萬七千二百六十二兩，元年收四千三百二十二兩。 鳳州元額一百六十兩，元年收一百八十四兩。 合計元額十二萬三千六百七十七兩，元年收三萬七千二百五十七兩。
銅			隴州元額九千一十九斤，元年收同虢州元額四千四百一十七斤，元年收六千三百九十二斤。 合計元額一萬六千四百三十六斤，元年收一萬五千四百十一斤。

〔註66〕馬端臨，前引書，卷一五五，〈兵七〉，頁考1351。

〔註67〕楊仲良，《續資治通鑑長編紀事本末》（以下簡稱《長編紀事本末》）（清光緒十九年廣雅書局刊本，臺北，文海出版社影印，民國56年11月出版），卷一四一，頁4256、4257。

〔註68〕《宋史》卷八七，〈地理三〉，〈陝西〉，頁2170。

鐵	虢州麻莊、同州韓山、鳳翔府赤谷、磑平、儀州之廣石河、鳳州、陝州集津、耀州榆林、坊州玉華、渭州華亭。	鳳翔府、陝、儀、虢州。	虢州元額一十三萬九千五十斤，元年收一十五萬五千八百五十斤。 陝州元額一萬三千斤，元年收同。 鳳翔府元額四萬五百六十斤，元年收四萬八千二百四十八斤。 鳳州元額三萬六千八百二十斤，元年收同。 合計元額二十二萬九千四百三十斤。元年收二十五萬三千九百一十八斤。
鉛			隴州元額一萬二百六十八斤，元年收二百六十三斤。 商州元額九十萬五千五百七十四斤，元年收八十五萬二千三百一十四斤。 虢州元額一百七十六萬一千八百六十八斤。元年收一百六十二萬四百三十二斤。 鳳翔府元額三千二百四十五斤，元年收九千四百七十三斤。 合計元額二百六十八萬九百五十五斤，元年收二百四十八萬二千四百八十二斤。
錫		商、虢州。	商、虢州（未見產量數字記錄）
水　銀	秦、階、商、鳳州。	秦、階、商、鳳州。	商州元額五百六十九斤，元年收五百八十四斤。 階州元額七百五十一斤，元年收同。 鳳州元額二百四十七斤，元年收七百四十三斤。 合計元額一千五百六十七斤，元年收二千七十八斤。
朱　砂	商州。	商州。	商州元額八十九斤四兩。元年收二百六十斤四兩。

資料出處：
一、北宋初期資料根據《文獻通考》卷十八〈征榷五〉坑治。
二、英宗期間資料根據《宋史》卷一八七〈食貨下七〉阬治。
三、神宗元豐元年資料根據《宋會要》〈食貨〉三三之七～一八。
四、鐵礦中宋代初期渭州華亭出自《宋會要》〈食貨〉三三之三。

根據表中所示，金的產量微不足道，銀的產量大幅度減少，銅的產量遠不逮鐵豐富，並且有日趨減少之勢，反之鐵產量則有增加，因此本區鑄造鐵錢，與銅錢同時流通，以補貨幣之不足。宋初本區未見產鉛、錫之記載，到了神宗元豐元年（1078）鉛則產二、四八二、四八二，占當時全國產量百分之二七左右，〔註 69〕這是蔡京日後在陝西推行夾錫錢之本。〔註 70〕宋代水銀主要用途爲墓葬中的防腐劑，大臣逝世，皇帝賜給水銀，是一項慣例。〔註 71〕其主要產地即是陝西路，元豐元年（1078）共產二千七十八公斤，占全國總產量百分之四二。〔註 72〕除此之外，尚有鄜延境內的石油，〔註 73〕坊州的礬，〔註 74〕階州美石〔註 75〕等等。

木材方面，本區境內林木茂盛，是供應京師需用主要來源地。例如：秦州夕陽鎭，古伏羌縣之地，「西北接大藪，材植所出。」〔註 76〕詳細情形留詩第三章討論之。

土產方面，可從《宋史》卷八七〈地理志〉中的土貢略見端倪，有酸棗仁、地骨皮、五味子、龍骨、鹽、括蔞根、柏子仁、麝香、枳實、白疾利、地黃、甘草、蓽豆、芎窮、榛實、荊芥、蜜、茯苓、細辛、鹿茸、茯神、蓯蓉、紫茸、菴閭、羚羊角等。另外陝西極邊產枸杞，甘美異於他處。〔註 77〕由上列藥材種類繁多，可看出陝西路爲藥材主產地之一。最後附帶一提的，本區部份地方如渭水以南和終南山北麓之間一帶，商、秦州、保安軍及洮河流域，均可種植水稻，生產稻米。〔註 78〕

〔註 69〕《宋會要》，〈食貨〉三三之一六；元豐元年（1078）全國鉛產量爲九、一九七、三三五斤。

〔註 70〕《宋史》卷一八〇，〈食貨下二〉，頁 4392；夾錫錢成色爲「每緡用銅八斤，黑錫半之，白錫又半之。」

〔註 71〕夏湘蓉、李仲均、王根元，《中國古代礦業開發史》（北京，地質出版社，1980 年 7 月第一版），頁 111。

〔註 72〕《宋會要》，〈食貨〉三三之一八；元豐元年（1078）全國水銀產量爲三、三五六斤。

〔註 73〕沈括，前引書，卷二四，〈雜誌一〉，頁 103。

〔註 74〕王稱，前引書，卷一一二，〈薛顏傳〉。頁 1726。

〔註 75〕張世南，《游宦紀聞》（點校本，臺北，木鐸出版社，民國 71 年 2 月初版），卷九，頁 82。

〔註 76〕《長編》卷三，太祖建隆三年六月辛卯條。

〔註 77〕沈括，前引書，卷二六，〈藥議〉，頁 118。

〔註 78〕宋晞，〈北宋稻米的產地分佈〉，收入氏著，《宋史研究論叢》第一輯（臺北，中國文化研究所印行，民國 68 年 7 月再版），頁 115～117。

附圖四　北宋陝西路礦產分佈圖

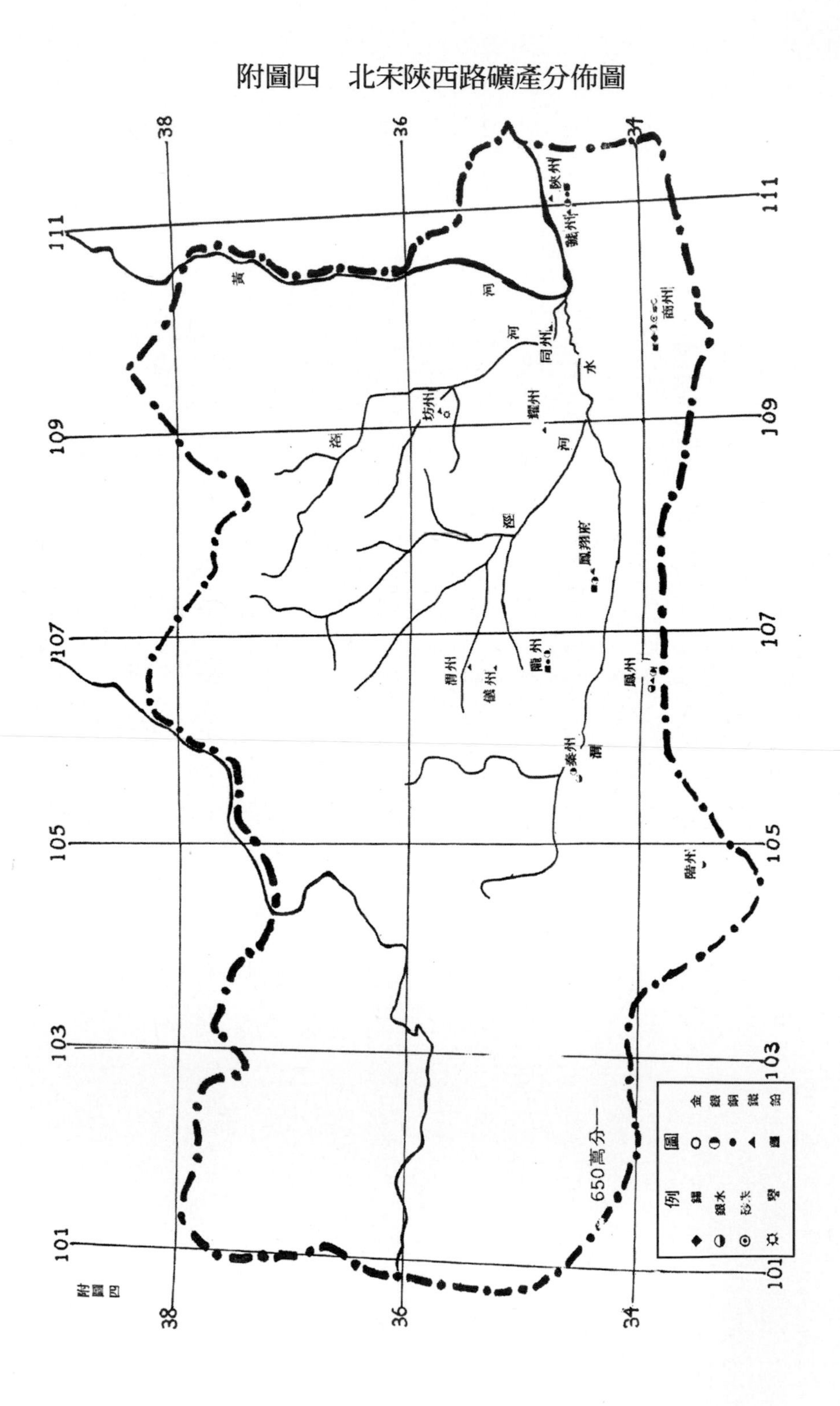

第三章　陝西路商業經濟環境

商業發展所受的影響因素，不外乎經濟型態、商賈活動、交通運輸、貨幣金融等等；茲分述如下。

第一節　消費經濟型態

北宋陝西路深受經濟重心南移，連年兵禍二大因素交互影響，形成一種以消費爲主的經濟型態。

前述本區開發甚早，十分富庶；《尚書》〈禹貢〉記載雍州「厥田惟上上」，〔註1〕漢代「關中之地，于天下三分之一，而人眾不過什三；然量其富，什居其六。」〔註2〕從晉室南遷之後，北方屢遭兵燹，南北經濟發展差距逐漸縮小。唐代建都於長安，本區依舊繁榮，惟景象已大不如前，史稱「關中號稱沃野，然其土地狹，所出不足以給京師備水旱，故常轉漕東南之粟。」〔註3〕其後經安史之亂，五代十國長期動盪分裂局面，北方經濟更爲凋弊，遠不逮南方富庶繁榮。北宋立國只得建築在南方財富基礎之上，〔註4〕「國家根本，仰給東

〔註1〕孔安國傳，《尚書》(四部叢刊正編，上海涵芬樓借吳興劉氏嘉業堂藏宋刊本，台北，臺灣商務印書館影印，民國68年11月臺一版)，卷三，〈夏書禹貢〉，頁21。

〔註2〕司馬遷，《史記》(新校本，臺北，鼎文書局，民國69年3月三版)，卷一二九，〈貨殖列傳〉，頁3262。

〔註3〕歐陽修、宋祁，《新唐書》(新校本，臺北，鼎文書局，民國68年2月二版)，卷五三，〈食貨三〉，頁1365。

〔註4〕張家駒，《兩宋經濟重心的南移》(武漢，湖北人民出版社，1957年)，頁8。

南」〔註5〕再加上連年兵禍，摧殘殆盡，以仁宗康定、慶曆之際，趙元昊叛宋，正兵不足，遂刺陝西之民充保捷指揮為例，造成「骨肉流離，田園蕩盡，陝西之民至今（英宗治平年間）二十餘年終不復舊者。」〔註6〕的局面。農業為生產之根本，水利良窳關係著農業生產，而農田水利狀況可以反映出一地經濟概況。根據《宋會要》輯稿〈食貨〉六一之六八、六九引〈中書備對〉記載，從神宗熙寧三至九年（1070～6）全國水利田處數及面積（表七）來看，顯見陝西路農業不振，已非重要生產地區。

表七：神宗熙寧三至九年（1070～6）全國水利田處數及面積統計表

地域別	開發處數	開發面積			對總面積比率（%）
		民間地頃畝	官地頃畝	總計頃畝	
開封府	25	157,459.29		15,749.29	4.3%
河北西路	34	40,209.04		40,209.04	11.1%
河北東路	11	19,451.29	27	19,451.56	5.4%
京東東路	71	8,563.58	285.50	8,849.38	2.5%
京東西路	106	17,091.76		17,091.76	4.7%
京西南路	727	11,558.79		11,558.79	3.2%
京西北路	283	21,802.66		21,802.66	6.0%
河東路	114	4,719.81		4,719.81	1.3%
永興軍等路	19	1,353.91		1,353.91	0.4%
秦鳳等路	113	1,998.26	1,629.53	3,627.79	1.1%
梓州路	11	901.77		901.77	0.2%
利川路	1	31.30		31.30	0.009%
夔州路	274	854.66		854.66	0.2%
成都府路	29	2,883.87		2,883.87	0.8%
淮南西路	1,761	43,651.10		43,651.10	12.1%
淮南東路	533	31,160.51		31,160.51	8.6%
福建路	212	3,024.71		3,024.71	0.8%
兩浙路	1,980	104,848.42		104,848.42	24%
江南東路	510	10,702.66		10,702.66	2.2%
江南西路	997	4,674.81		4,674.81	1.2%
荊湖北路	233	8,733.30		8,733.30	2.4%

〔註5〕《宋史》卷三三七，〈范祖禹傳〉，頁10796。
〔註6〕《長編》卷二〇三，英宗治平元年十一月乙亥條。

荊湖南路	1,473	1,151.14		1,151.14	0.3%
廣南西路	879	2,738.89		2,738.89	0.7%
廣南東路	407	597.73		597.73	0.1%
其　他					
總　計	10,803	358,453.26	1,915.30	360,368.56	

陝西路爲宋夏衝突主要戰場，除了趙德明時期雙方維持短暫和平之外，其餘泰半兵戎相見，北宋不得不在沿邊屯駐重兵防守。王堯臣嘗稱：

> 寶元未用兵，三路出入錢帛糧草，陝西入一千九百七十八萬，出一千五百五十一萬，……用兵後，陝西入三千三百九十萬，出三千三百六十三萬。〔註7〕

費用寖廣，造成敗政上一大重擔。由於戰爭之影響，物資短缺，亟需供應。在「外撓於強敵，供億既多」〔註8〕之下，陝西路經濟型態遂以消費爲主，生產則退居其次。

第二節　商業活動概況

一、商業發達

宋代商業空前繁榮，根據《宋會要》輯稿〈食貨〉十五至十七舊統計及神宗熙寧十年（1077）商稅額統計（表八）來看，

表八：舊統計與神宗熙寧十年（1077）各路商稅額統計表（引自宋晞，〈北宋商業中心的考察〉，收入氏著《宋史研究論叢》第一輯，頁23～25）

區域名稱	舊統計稅額		熙寧十年稅額		場　務　數　目			
	稅　額	順 位	稅　額	順位	舊統計	順 位	熙寧十年	順 位
淮南西路	502,291	1	360,035	7	85	10	68	12
兩浙路	475,556	2	862,486	1	106	4	123	3
河北東路	466,718	3	453,401	3	114	1	116	5
淮南東路	351,098	4	422,245	4	64	15	68	12
秦鳳路	350,602	5	337,448	8	103	7	113	6

〔註7〕《長編》卷一四〇，仁宗慶曆二年四月己未條。

〔註8〕《宋史》卷一七三，〈食貨上一〉，頁4156。

永興軍路	290,673	6	373,410	5	113	2	150	1
河北西路	287,934	7	287,470	9	105	5	98	8
京東西路	270,663	8	267,487	10	52	18	62	17
京西北路	269,125	9	171,183	18	79	11	67	14
京東東路	251,534	10	472,511	2	76	12	93	10
成都府路	246,347	11	72,584	20	97	8	69	11
江南東路	243,362	12	361,777	6	67	14	66	16
河東路	226,926	13	261,798	11	96	9	124	2
梓州路	163,790	14	30,833	22	64	15	39	22
江南西路	162,732	15	250,167	12	50	19	59	18
福建路	131,932	16	239,344	14	70	13	95	9
荊湖北路	131,033	17	178,199	16	60	17	67	14
京西南路	129,130	18	190,469	15	46	21	39	22
利州路	124,099	19	36,337	21	48	20	48	19
廣南東路	81,639	20	249,100	13	112	3	118	4
荊湖南路	69,770	21	177,984	17	20	23	44	20
夔州路	66,343	22	24,095	23	37	22	43	21
廣南西路	43,289	23	138,612	19	104	6	107	7

備註：

一、《通考》、《宋會要》言：四蜀所納皆鐵錢，十纔及銅錢之一。今將四路鐵錢折為銅錢，以示一律。小數點在五以上者進一位；以下者去之。

二、本表所列數字，單位為貫。

三、四京區域與諸路範圍大小懸殊，故不列入。

惟以前十名為準，北方各占七、六處，南方僅占三、四處，北方場務數目亦多於南方，反映北方商業普遍比南方繁榮。在二十三路商稅額中，永興軍路分別居第六、五位，秦鳳路則居第五、八位，場務數目，永興軍路高居第二、一位，秦鳳路為七、六位，顯示陝西路商業占有一席之地。

商業發達基本要素有二，一為生產技術進步，有相當程度分工；二為要有需求，懋遷有無。就陝西路而言，雖然經濟重心南移，已非重要生產區域，但生產技術仍維持相當水準。以手工業為例，陸游《老學庵筆記》即說：「鄜州田氏作泥孩兒，名天下，態度無窮，雖京師工效之，莫能及。」〔註9〕最近出土大量耀州瓷器，其中有民間粗樸之器，也有供皇帝使用精品；依據現有資料推知黃堡鎮瓷窰一般高三點三六至四米，東西長二點一六米，南北寬三點三六米。按燒一般碗的匣鉢圓徑二八厘米，高九厘米來計算，南北可容十個，東西可容七個，高可容三七個，則窰室內可置匣鉢二五九○個。〔註10〕另陝西路土貢物計有四十件，其中紡織物料及手工業製造用具占十五件。〔註11〕可見由於陝西路生產技術進步，促使商業繁榮。分工狀況，當時耀州有「居人以陶器為利，賴之謀生。」〔註12〕解鹽生產也已專業化，「籍民戶為畦夫，官廩給之。」〔註13〕分工日細，亦必然促使商業發達。

從表八可以得知永興軍、秦鳳二路商稅額較兩湖流域的荊湖南北路，沿海的福建路、廣南東西路及四川成都府、梓、夔、利州四路高，主要是受到前述消費經濟型態影響所致，透過全國性市場運作，將大量物資運入本區，加上「國家貿易，商賈以實邊」〔註14〕政策之鼓勵，更促進商業蓬勃發展，另外，一方面由於需求誘因不同，造成本區商業活動許多特色，例如：嚴重邊糧需求，導致市糴入中；對馬匹迫切需求，產生茶馬貿易；又受到地理位置及撫綏邊界諸蕃政策上的需要，形成對外貿易等等，使陝西路商業活動呈現多面性；詳細情形留待後面章節中討論。

〔註9〕陸游，《老學庵筆記》（點校本，台北，木鐸出版社，民國71年5月初版），卷五，頁58。

〔註10〕陝西省考古研究所，《陝西銅川耀州窰》（北京，科學出版社，1965年1月一版），頁58。

〔註11〕王志瑞，《宋元經濟史》（臺北，臺灣商務印書館，民國63年8月台四版），頁18。

〔註12〕陝西省考古研究所，前引書，附錄，頁62。

〔註13〕《宋史》卷一八一，〈食貨下三〉，鹽，頁4413。

〔註14〕《長編》卷四九，真宗咸平四年八月戊申條。

附圖五　宋代的城市圖

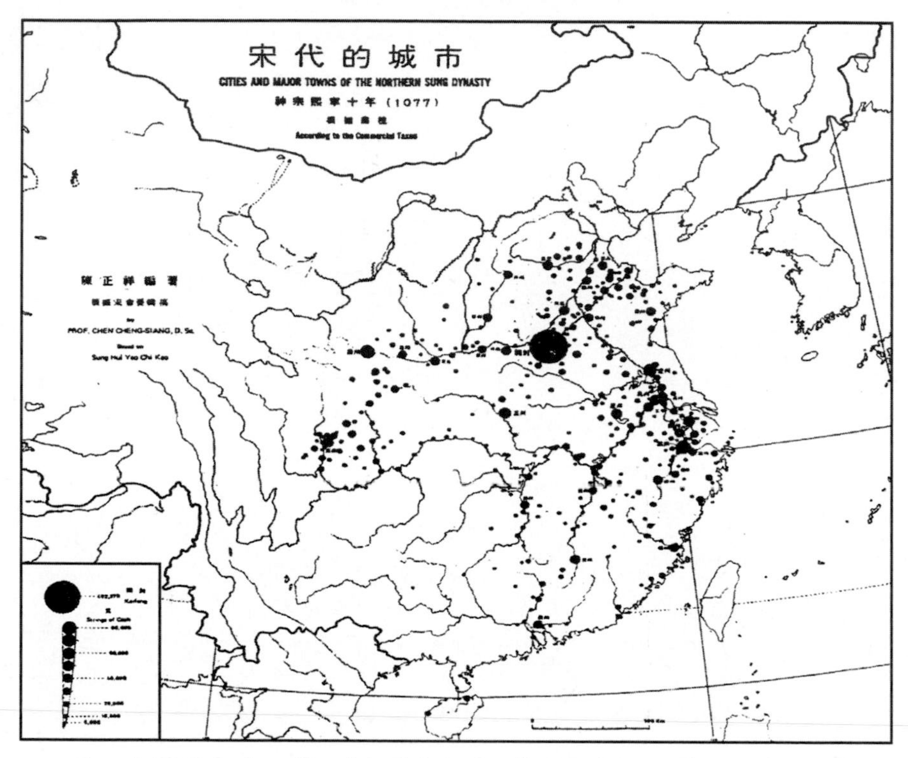

註：本圖採自陳正祥，《中國文化地理》，圖十一，頁83～84間。

二、商業中心

陝西地區商業中心分佈情形，亦可從永興軍、秦鳳二路舊統計及神宗熙寧十年（1077）各府州軍商稅額來分析。

表九：《宋會要》〈食貨〉一五之一四至二〇中之舊統計及神宗熙寧十年（1077）永興軍、秦鳳二路府州軍商稅額表（引自廖隆盛，〈北宋與遼夏邊境的走私貿易問題（下）〉，《食貨月刊》復刊十卷十二期，民國70年3月10日出版，頁22～24）

路名	府州軍名	舊統計稅額	次第	占本路稅額百分比	熙寧十年稅額	次第	占本路稅額百分比
永興軍路	京兆府	56,904	1	19.58	82,568	1	22.11
	河中府	33,672	2	11.58	31,012	3	8.31
	陝　州	30,006	3	10.32	42,505	2	11.38

永興軍路	延　州	21,760	5	7.49	26,451	6	7.08
	同　州	13,380	11	4.60	24,964	8	6.69
	華　州	23,149	4	7.96	29,446	5	7.89
	耀　州	19,885	6	6.84	30,354	4	8.29
	邠　州	14,445	8	4.97	17,642	10	4.72
	鄜　州	8,809	13	3.03	8,737	13	2.34
	解　州	12,862	12	4.43	25,514	7	6.82
	商　州	13,579	10	4.67	20,264	9	5.43
	寧　州	17,567	7	6.04	13,150	11	3.52
	坊　州	5,417	14	1.86	5,256	14	1.41
	丹　州	2,055	16	0.71	2,603	16	0.68
	環　州	13,859	9	4.77	9,708	12	2.60
	保安軍	3,314	15	1.14	3,236	15	0.87
	合　計	290,663		100	373,410		100
秦鳳路	鳳翔府	42,148	3	12.02	54,357	2	16.11
	秦　州	63,381	2	18.08	90,658	1	26.87
	涇　州	13,922	8	3.97	16,541	7	4.90
	熙　州	（未置）			3,600	14	1.07
	隴　州	21,362	6	6.09	19,965	6	5.92
	成　州	94,632	1	26.99	9,265	11	2.75
	鳳　州	30,843	4	8.10	51,370	3	15.22
	岷　州	（未置）			6,646	12	1.97
	渭　州	24,160	5	6.89	21,114	5	6.26
	原　州	7,781	12	2.22	10,601	10	3.14
	階　州	19,652	7	5.61	21,771	4	6.45
	河　州	（無定額）			（無定額）		
	鎮戎軍	7,809	11	2.23	6,369	13	1.89
	德順軍	（未置）			14,587	8	4.32
	通遠軍	（未置）			10,604	9	3.14
	乾　州	12,614	9	3.60	（廢）		
	儀　州	8,054	10	2.30	（廢）		
	廣成軍	4,073	13	1.16	（廢）		
	開寶監	171	14	0.05	（廢）		
	合　計	350,602		100	337,448		

首先就空間而言，永興軍路以京兆、河中府、陝州三地商業最爲發達，三地商稅總額於兩次統計中各占百分四一點四八及百分四一點八，皆爲五分之二強。

京兆府爲唐代畿輔要地，至宋代雖已形沒落，但「鄠、杜、南山，土地膏沃，二渠灌溉，兼有其利。」〔註15〕仍不失爲富庶區域。京兆府下轄萬年、長安二縣以朱雀門南北大街爲界，萬年縣領街東五十四坊及東市，長安縣領街五十四坊及西市，〔註16〕東市「市內貨財二百二十行，四面立邸，四方珍奇皆所積集。」〔註17〕西市「市內店肆、如東市之制。」〔註18〕唐代興道、務本二坊至宋時成爲京兆東西門之外草市。〔註19〕商業相當繁榮。

河中府位於渭、汾、洛河入黃河之處，爲交通要地，境內河東縣西四里有蒲津，唐時「造舟爲梁，其制甚盛，每歲徵竹索價，謂之橋脚錢，數至二萬，亦關河之巨防焉。」〔註20〕縣南五十里風陵津與潼關隔河相望，自潼關北渡，必須經過此處。〔註21〕由於位居交通要衢，商業自然發達。

陝州位於潼關以東，水陸交湊，〔註22〕陝西諸州菽粟先運至境內三門，然後沿著黃河入汴，轉運京師，〔註23〕成爲重要轉運中心。

秦鳳路則以秦州、鳳翔府、鳳州三地商業最爲發達，三地商稅額於舊統計中占百分之三十八點二，約爲五分之二弱；於熙寧十年（1077）統計占百分之五十八點二，成長迅速，超過一半以上。

秦州爲西陲軍事重鎮，爲國際商業往來之中心，宋廷嘗計劃於州境內給唃廝囉官屋五十間，收貯物貨，以利貿易，遭韓琦反對未果。〔註24〕故爲「陝西四路之首，軍馬民夷，最號繁富。」〔註25〕

〔註15〕《宋史》卷八七，〈地理三〉，陝西，頁2170。
〔註16〕宋敏求，前引書，卷七，〈唐京城條〉，頁37。
〔註17〕宋敏求，前引書，卷八，〈次南東市條〉，頁46。
〔註18〕宋敏求，前引書，卷十，〈次南西市條〉，頁56。
〔註19〕張禮，《遊城南記》（百部叢書集成，寶顏堂秘笈，臺北，藝文印書館影印，民國54年），卷一，頁1、2。
〔註20〕李吉甫，《元和郡縣圖志》（畿輔叢書，京都，中文出版社影印，1973年2月出版），卷十二，〈河東道一〉，頁192。
〔註21〕李吉甫，前引書，卷十二，〈河東道一〉，頁192。
〔註22〕劉攽，《彭城集》（四庫全書珍本別輯，臺北，臺灣商務印書館影印，民國64年），卷二二，〈朝奉郎孫載可通判陝州制〉，頁3。
〔註23〕《宋會要》，〈食貨〉四六之一。
〔註24〕《長編》輯《永樂大典》卷一二三九九，仁宗慶曆二年正月庚辰條。
〔註25〕司馬光，《溫國文正司馬公文集》（四部叢刊正編，上海涵芬樓借常熟瞿氏鐵

鳳翔府爲蜀隴通秦之控，「異時商賈幅輳，獄市繁多，故最爲關中之劇郡。」〔註 26〕平日編木筏竹，東下河渭；戰時飛芻輓粟，西赴邊陲，〔註 27〕儼爲商業重鎮。

鳳州爲秦蜀交通樞紐，入川大路自鳳州經利州劍門關，直入益州。〔註 28〕二地來往頻繁，商業因而繁榮。

由前所述，陝西路商業中心地帶大致沿著黃河、渭水一線展開，由陝州起，經河中、京兆、鳳翔府、鳳州，至秦州爲止。陝州、河中府位於京師來往陝西交通要道上，與關東地區保持密切聯繫；京兆府位居關中精華之地，承襲唐代餘緒，仍爲西北重要商業都會；鳳翔府、鳳州則扼秦蜀交通樞紐，商業發展與四川地區密不可分；秦州地處邊陲，與西蕃貿易頻繁，同時與四川也有密切商業往來。值得注意者，是對西夏貿易榷場所在地保安、鎮戎軍商務額偏低，呈現衰減現象，保安軍分別占全路總額百分之一點一四及零點八七，居第十五位，鎮戎軍則占百分之二點二二及一點八九，居第十一、十三位，顯見兩國貿易關係不穩定及走私貿易之猖獗。〔註 29〕

其次就時間而言，永興軍路十六府州軍的商業活動中有十二個地方呈現成長現象，其中以解州幅度最大，計增加一二、六五二貫，將近一倍；該州熙寧十年（1077）商稅額爲二五、五一四貫，六務中以安邑鎮八、七五七貫最高，占整商稅額百分之三四點三二，在城（解縣）七、七〇四貫次之，占百分之三〇點一九，合計百分之六四點五一，此與解鹽歲入增加有關。呈現負成長現象有六個地方，包括次邊鄜、寧、環州及沿邊保安軍，以次邊五個州（應有六個州，但未見慶州統計數字）而言，舊統計中商稅額共計七六、四四〇貫，占整路百分之二六點三；熙寧十年（1077）統計中則共計七五、六八八貫，占整路百分之二〇點二六，有明顯下降趨勢，沿邊保安軍更從三、三一四貫（百分之一點一四）下跌到三、二三六貫（百分之零點八七），主要是受到長期與

琴銅劍樓藏宋紹熙刊本，臺北，臺灣商務印書館影印，民國 68 年 11 月台一版），卷二一，〈論張方平第三狀〉，頁 211。

〔註 26〕毛滂，《東堂集》（四庫全書珍本初集，臺北，臺灣商務印書館影印，民國 58～59 年），卷五，〈承議郎直集賢院范育可權發遣鳳翔制〉，頁 1。

〔註 27〕蘇軾，《東坡七集》（四部備要，匋齋校刊本，臺北，臺灣，中華書局影印，民國 54 年 11 台一版），東坡集卷二十六，〈鳳翔到任謝執政啓〉，頁 10。

〔註 28〕《宋會要》，〈方域〉一〇之二。

〔註 29〕廖隆盛，〈北宋與遼夏邊境的走私問題（下）〉（《食貨月刊》復刊十卷十二期，民國 70 年 3 月 10 日），頁 24、25。

西夏戰爭影響所致。

秦鳳路十九個府州軍監（河州爲無定額、乾、儀州、慶成軍、開寶監四處後廢。）在統計中有十個地方呈現成長現象，其中熙、岷州、德順、通遠軍爲新置的，無法得知成長眞正情形外，以秦州成長幅度最大，達到九○、六五八貫，超過永興軍路京兆府之八二、五六八貫，躍居陝西地區首位，十五務中以在城七九、九五九貫最高，甚至超過舊統計之全州商稅額六三、三八一，占整州商務稅額百分之八八點一九，顯然是神宗熙河用兵時，於秦州設置市易司所致。〔註 30〕次邊六個州軍（儀州後廢）商稅總額於舊統計中共爲一三八、六六○貫，占百分之三九點五五，熙寧十年（1077）統計則爲一五八、八七九貫，占百分之四七點○九，將近一半。沿邊鎭戎軍呈現負成長，但新置德順、通遠二軍，三地商稅額達三一、五六○貫，占百分之九點三五，主要是熙河用兵，國家負擔沉重，不得不在秦鳳路沿邊廣置市易司，促進本區商業繁榮，鳳州商稅增加二○、五二七貫，也相當驚人，熙寧十年（1077）統計五一、三七○貫，固鎭（河池縣縣治）二四、八一六貫，占全州百分之四八點三，其地位於興州直通秦州路上，官中收買川茶正由此路。〔註 31〕特別在熙河用兵後，前線所需物資大都仰賴四川供應，二地來往更加頻繁，商業益形發達。呈現負成長地方有四，其中以成州減少八五、三六七貫最多，劇減原因不詳。渭州減少三、○四六貫次之，主要是受到境內籠竿城建爲德順軍影響。〔註 32〕

總之，隨著時間的推移，陝西路商業活動愈來愈發達，永興軍路由二九○、六六三貫增加到三七三、四一○貫，成長率爲百分之二八點四六，秦鳳路則由三五○、六○二貫下降到三三七、四四八貫，成長率爲負百分之三點七五；二者相比，舊統計中秦鳳路超過永興軍路五九、九三九貫，到了熙寧十年（1077）統計，情況逆轉，永興軍路超過秦鳳路三五、九六二貫。但就個別發展而言，秦鳳路的秦州取代永興軍路的京兆府，成爲本區最大商業中心，舊統計中永興軍路京兆、河中府、陝州商稅額共計一二○、五八二貫，秦鳳路鳳翔府、秦、鳳州商稅額共計一三六、三七二貫。兩省相差不大。熙寧十年（1077）統計，永興軍路三處商稅額共計一五六、○八五貫，秦鳳路三處商稅額共計一九六、

〔註 30〕《宋會要》，〈職官〉二七之三七、三八。

〔註 31〕《宋會要》，〈方域〉一○之三。

〔註 32〕《宋會要》，〈兵〉二七之三○；《宋史》卷八七，〈地理三〉，陝西德順軍條，頁 2158。

三八五貫，兩者差距逐漸擴大，顯示商業中心地帶重心向西遷移，與前述人口分佈現象恰好相反。合理解釋應是受到戰爭影響，帶給秦鳳路幾個孤立點的繁榮，永興軍路則呈現面的進步發展。

三、商人活動

北宋在陝西路活動的商人主要區分爲三大類型，一爲官商，可細分有私營、國營二種。二爲蕃商，是指來自西夏、西方及沿邊諸蕃商賈。三爲民商，亦可細分成許多類型。茲分述如下：

（一）官　商

1. 私營官商

對宋代官吏私營商業之問題，全漢昇先生嘗撰文詳論。〔註 33〕考其私營原因，可歸納成五點：

（1）沿襲五代官吏私營商業貪暴風氣。《續資治通鑑長編》（下面簡稱《長編》）卷十八，太宗太平興國二年（977）正月丙寅條言：

> 五代藩鎮多遣親吏往諸道回圖販易，所過皆免其算。既多財，則務爲奢僭。……國初大功臣數十人猶襲舊風，太祖患之，未能止絕。

（2）宋代官俸微薄，私營商業維持生計。宋代官俸之制「皆約後唐所定數，其非兼職者，皆一分實錢，二分折支。」〔註 34〕折支則按照時價計値，〔註 35〕但時價是以八成計算。〔註 36〕宋初「所幸物價甚廉，粗給妻孥，未至凍餒，然艱窘甚矣。」〔註 37〕其後隨著物價波動，漸入不敷出，造成「今官大者往往交賂遺，營貲產，以負貪污之毀；官小者，販鬻乞丐，無所不爲。」情形。〔註 38〕

〔註 33〕全漢昇，〈宋代官吏的私營商業〉，收入氏著，《中國經濟史研究》中冊（香港，新亞研究所，1976 年 3 月出版），頁 1～74。

〔註 34〕《宋會要》，〈職官〉五七之二八。

〔註 35〕《宋會要》，〈職官〉五七之二一。

〔註 36〕不著撰人，《宋大詔令集》（北圖、北大本互校，臺北，鼎文書局，民國 61 年 9 月初版），卷一七八，〈內外文武官俸以實價給詔〉，頁 640。

〔註 37〕王栐，《燕翼詒謀錄》（點校本，台北，木鐸出版社，民國 71 年 5 月初版），卷二，頁 13。

〔註 38〕王安石，《臨川先生文集》（四部叢刊正編，明刊本，臺北，臺灣商務印書館影印，民國 68 年 11 月台一版），卷三九，〈上仁宗皇帝萬言書〉，頁 247。

（3）唐宋期對於商人觀念改變，熱衷經營商業。中國傳統上重農抑商，視工商爲末業，本人及其子弟不得應科舉入仕，〔註 39〕到了北宋，商人雖仍不得參加科舉，〔註 40〕但此一限制稍微放寬。仁宗慶曆四年（1044）貢舉條例規定，諸科舉人，每三人爲一保，所保之事有七，其中第七條爲「身足工商雜類及嘗爲僧道者。」並不得取應。〔註 41〕似乎意味著出身商人家庭；而自己不是商人，或曾爲商人；而今已非商人，皆准許參加考試。〔註 42〕政府爲了解決財政困難，行鬻官之法。〔註 43〕無形中提高商人地位，本來不恥於商人爲伍的官吏們紛紛經營商業。蔡襄上奏時嘗感歎的說：

> 今乃不然，紆朱懷金，專爲商旅之業者有之，興販禁物茶、鹽、香、草之類，動以舟車楙遷往來，日取富足。〔註 44〕

這正是最佳寫照。

（4）社會日趨奢靡，士風敗壞所致。姑以軍隊爲例。張方平在奏疏中嘗云：

> 今（仁宗慶曆年間）則異矣，臣（張方平）嘗入朝，見諸軍帥、從卒一例新紫羅衫、紅羅抱肚、白綾袴、絲鞋、戴青紗帽，長帶紳鮮華爛，然其服裝少敝，固己恥于眾也。〔註 45〕

徽宗元符三年（1100，即位尚未改元）游酢痛陳士風敗壞到極致，其奏曰：

> 臣聞天下之患，莫大於士大夫無恥。士大夫至於無恥，則見利而不復知有義，如入市而攫金，不復見有人也。始則眾笑之少，則人惑之；久則天下相與而效之，莫之以爲非也。士風之壞一至於此。〔註 46〕

〔註 39〕魏徵等，《隋書》（新校本，臺北，鼎文書局，民國 70 年元月三版），卷二，〈高祖下〉，頁 41；「（文帝）開皇十六年（596）六月甲午，制工商不得進仕。」劉昫，《舊唐書》（新校本，臺北，鼎文書局，民國 70 年元月三版），卷四三，〈職官二〉，頁 1820；「凡官人身及同居大功已上親，自執工商，家專其業，及風疾、使酒，皆不得入仕。」

〔註 40〕《宋史》卷一五五，〈選舉一〉，頁 3605。

〔註 41〕《宋會要》，〈選舉〉三之二五。

〔註 42〕楊聯陞，〈傳統中國政府對城市商人的統制〉，收入《中國思想與制度論集》（臺北，聯經出版事業公司，民國 68 年 8 月修訂第二次印行），頁 382。

〔註 43〕王林，前引書，卷二，頁 12。

〔註 44〕蔡襄，《端明集》（四庫全書珍本四集，臺北，臺灣商務印書館，民國 62 年），卷二十二，〈廢貪贓〉，頁 7。

〔註 45〕張方平，《樂全集》（四庫全書珍本初集，臺北，臺灣商務印書館影印，民國 58～59 年），卷十八，〈再對御札一道〉，頁 15。

〔註 46〕趙汝愚，《宋名臣奏議》（四庫全書珍本初集，臺北，臺灣商務印書館影印，民國 58～59 年），卷二四，游酢，〈上徽宗論士風之壞〉，頁 13。

在這種風氣之下，官吏私營商業情形應是屢見不鮮的。

（5）重文輕武，武官受到歧視，心中不平，尋求補償，利用職權，以商業方式謀利，取得地主和富豪地位，提高自己身份，南宋武將這種情形尤爲嚴重，然此現象並非朝夕所致，實則北宋武官已有此種心態及行爲。〔註 47〕陝西路爲戰區，武將出入頻繁，其私營商業風氣尤應特盛。

陝西路官吏私營商業分成合法、非法二種。合法私營商業主要方式爲回易，始於何時，雖難以確考，約可追溯到隋代。〔註 48〕唐代回易本錢不大，採用出貸取息方式。〔註 49〕五代蕃領多遣親吏往諸道回圖賜易，以充實本身財力；宋初功臣沿襲五代回圖販易風氣，太祖、太宗二朝嘗禁止之，〔註 50〕但未能戢止，規模反越來越大，成爲解決沿邊州軍財政困難一項權宜辦法。〔註 51〕回易本錢有州軍所管錢帛、〔註 52〕軍資庫錢、隨軍庫錢、〔註 53〕撫養庫錢〔註 54〕等等。其所得大都充作公使庫錢使用。李心傳對「公使庫錢」〔註 55〕有詳細說明：

> 公使庫者，諸道監帥司及州軍邊縣與戍師皆有之。蓋祖宗時，以前代牧伯皆斂於民，以佐廚傳，是以制公使錢以給其費，懼及民也。然正賜錢不多，而著令許收遺利以此，州郡得以自恣。若帥憲等司

〔註 47〕劉子健，〈略論宋代武官在統治階級中的地位〉，收入《青山定雄教授古稀紀念：宋代史論叢》（東京，省心書房，1974 年 9 月 25 日），頁 477～487。

〔註 48〕魏徵，《隋書》卷二四，〈食貨〉，頁 685：「（文帝）開皇八年（588）五月，……先是京官及諸州，並給公廨錢，迴易生利，以給公用」。

〔註 49〕歐陽修、宋祁，《新唐書》，卷五十五，〈食貨〉五，頁 1395：唐代「捉錢」與回易係指同一類事，「（貞觀）十五年，復置公廨本錢，以諸司令史主之，號爲『捉錢令史』。每司九人，補於吏部，所主纔五萬錢以下，市肆販易，月納息錢四千，歲滿受官。」

〔註 50〕《長編》卷十八，太宗太平興國二年正月丙寅條。

〔註 51〕汪聖鐸，〈宋代官府的回易〉（《中國史研究》，1981 年第四期，1981 年 12 月 20 日出版），頁 74～82。

〔註 52〕范仲淹，《范文正公集》（四部叢刊正編，上海涵芬樓借江南圖書館藏明翻元刊本，臺北，臺灣商務印書館影印，民國 68 年 11 月臺一版），政府奏議下，〈奏乞許陝西四路經略司回易錢帛〉，頁 207。

〔註 53〕尹洙，《河南先生文集》（四部叢刊正編，春岑閣鈔本，臺北，臺灣商務印書館影印，民國 68 年 11 月臺一版），卷二五，〈分析公使錢狀〉，頁 126。

〔註 54〕《宋會要》，〈職官〉四一之七六。

〔註 55〕宋代文獻中對於公使錢，公用錢之記載，二者混淆不清，林天蔚先生嘗發表〈宋代公使庫、公使錢及公用錢間的關係〉一文討論之，收入氏著，《宋史試析》（臺北，臺灣商務印書館，民國 67 年 6 月初版），頁 203～248：在本文中之「公使庫錢」係指公使庫所籌措公用錢而言，爲避免紊亂，特此說明。

又有撫養備等庫，開抵當、賣熟藥，無所不爲，其實以助公使耳。〔註 56〕

簡言之，公使庫錢初是招待往來官吏、使臣費用，藉以禮遇士大夫。後來用途寖廣，包括犒賞軍隊、〔註 57〕撫綏蕃部、〔註 58〕救困濟急〔註 59〕等等，經費益發困窘，以渭州爲例，每一季用公使庫錢一千貫，一年約用四千貫。先是政府支三千貫，後別給米麥外，只支二千貫，每年虧少二千貫。〔註 60〕除了將標撥官地；種蒔蔬菜貨賣、〔註 61〕蕃部贓罰、〔註 62〕打撲錢〔註 63〕等添助公用外，主靠回易收入支持。不過沿邊州軍公使庫錢，政府供給相當充裕，鎮戎軍歲爲二十萬貫，後增給一百三十萬。〔註 64〕

回易經營方式，除了前述開抵當，賣熟藥之外，尙有其他方式。以渭、涇、慶三州爲例，有將銀運往西川、秦州收買羅帛、買上京交鈔、差人解州盤鹽等辦法。〔註 65〕政府原對回易徵收商稅，徽宗崇寧二年（1103）免去涇原路回易物往復商稅，〔註 66〕徽宗政和七年（117）擴大至陝西、河東、河北三路皆免徵商稅。〔註 67〕政府對於回易本身及所得用途採取嚴厲管制措施，不少官吏因而坐罪遭貶，如尹洙、〔註 68〕滕宗諒、〔註 69〕張亢〔註 70〕等，遂使邊上臣僚有「朝廷待將帥少恩，於支過公用內搜求罪戾，欲陷邊臣。」

〔註 56〕李心傳，《建炎以來朝野雜記甲集》（以下簡稱《朝野甲集》）（明鈔校聚珍本，臺北，文海出版社影印，民國 56 年 1 月），卷十七，財賦四，〈公使庫〉，頁 551。

〔註 57〕范仲淹，前引書，政府奏議上，〈奏乞將先減省諸州公用錢却令依舊〉，頁 184、185。

〔註 58〕王闢之，《澠水燕談錄》（點校本，臺北，木鐸出版社，民國 71 年 2 月初版），卷一，〈帝德〉，頁 4。

〔註 59〕范仲淹，前引書，政府奏議下，〈再奏雪張亢〉，頁 215。

〔註 60〕尹洙，前引書，卷二十五，〈分析公使錢狀〉，頁 126。

〔註 61〕范仲淹，前引書，年譜補遺，頁 264。

〔註 62〕《宋會要》，〈食貨〉三五之四六。

〔註 63〕《長編》卷八八，眞宗大中祥符九年九月庚午條。

〔註 64〕《長編》卷八四，眞宗大中祥符八年三月甲辰條。

〔註 65〕尹洙，前引書，卷二十五，〈分析公使錢狀〉，頁 126。

〔註 66〕《宋會要》，〈食貨〉十七之二八。

〔註 67〕《宋會要》，〈食貨〉十七之二九。

〔註 68〕《長編》卷一五四，仁宗慶曆五年七月辛丑條。

〔註 69〕《長編》卷一四六，仁宗慶曆四年二月戊申條。

〔註 70〕《長編》卷一四二，仁宗慶曆三年七月甲戌條。

〔註 71〕之感歎。

回易影響商業發展至鉅，差人至解州盤鹽，頗侵商利，三司要求禁止回易解鹽。〔註 72〕哲宗元祐二年（1087）八月廿三日下詔禁止以陝西路鹽引回易規利。〔註 73〕顯係針對買上京交鈔而言。包拯亦曾奏請禁止天下州軍回易，以免打擊商人。〔註 74〕政府只得限制沿邊州軍始准回易，〔註 75〕終宋之世未見易轍，惟規模日趨龐大，甚至有「回易庫」設置，負責掌管各項回易本錢，〔註 76〕成爲沿邊地區一種重要商業活動，「今來邊事之際，全藉回易收息應副支用。」〔註 77〕這句話將其重要性表露無遺。

陝西路官吏非法私營商業的情形很多，大致上有下列幾種狀況：

（1）從事違法商業活動。例如：私自與沿邊屬羌交易；〔註 78〕在榷場內博買物色；〔註 79〕以私人錢物投資公使庫生利；〔註 80〕參與入中芻糧，牟取利益，甚至借用公使庫錢入中，〔註 81〕或走私青鹽，〔註 82〕越茶〔註 83〕及公開縱容私販鹽、酒等情形。〔註 84〕

（2）假藉權勢，中飽私囊，如秦州長道縣酒場官李益，徵督民甚急，皆入私囊，及益死，民皆醵錢飲酒祝。〔註 85〕亦對蕃部，倚仗權勢，多方誅求的例子，制勝關寨主郄勳，利用貿易機會，侵漁蕃部，並且強市諸軍給賜物。〔註 86〕當時「蕃部有罪納貲爲贖，及守臣出處更代，多以畜產爲賀，並入於

〔註 71〕《長編》卷一四六，仁宗慶曆四年正月辛未條。
〔註 72〕《長編》卷一八一，仁宗至和二年九月壬午條。
〔註 73〕《宋會要》，〈食貨〉二四之二九。
〔註 74〕包拯，《包孝肅公奏議》（叢書集成簡編，臺北，臺灣商務印書館，民國 55 年 3 月臺一版），卷五，〈請差天下公回易等〉，頁 58。
〔註 75〕《長編》卷一六一，仁宗慶曆七年十一月丙戌條。
〔註 76〕《宋會要》，〈職官〉四一之七六。
〔註 77〕《宋會要》，〈食貨〉十七之二九。
〔註 78〕《長編》卷一二八，仁宗康定元年八月庚子條。
〔註 79〕《宋會要》，〈食貨〉三六之二八。
〔註 80〕《宋會要》，〈食貨〉二之十七、十八。
〔註 81〕《長編》卷一六六，仁宗皇祐元年二月辛巳條。
〔註 82〕范仲淹，前引書，〈言行拾遺事錄〉，卷三，頁 283。
〔註 83〕沈括，前引書，卷十三，〈權智〉，頁 61。
〔註 84〕《宋會要》，〈食貨〉十七之二三。
〔註 85〕不著撰人，《宋史全文續資治通鑑》（臺北，文海出版社，民國 58 年 5 月初版），卷三，太宗雍熙四年五月丁丑條，頁 151。
〔註 86〕《長編》卷六〇，眞宗景德二年五月壬子條。

長吏；至有生事，以邀其利者，使之不寧。」〔註 87〕

（3）私役官兵，盜用官本，趙濟嘗遣張祚、呂忱私役禁軍至京買婢。〔註 88〕鄜州鈐轄、階州刺史劉寶私自役兵，以橐駝爲商旅載物。〔註 89〕段思恭因知秦州時擅借官錢造器用，責授少府少監。〔註 90〕

（4）私營貿易，規取商利。知耀州溫俊又遣子弟載運陶器入京販易。〔註 91〕眞宗大中祥符八年（1015）禁止緣邊文武官吏私自買絹帛，博市府州蕃馬。〔註 92〕可見官吏私營貿易情形十分普遍。

（5）滋生邊事，趁火打劫。馮澥在〈上徽宗論湟、鄯、西寧三州疏〉中對此事情嘗詳細剖析說：

> 有邊事則臣下之福。用兵以來，州縣小官反掌而登侍從，行伍賤夫移足而專斧鉞，金錢充棟宇，田壤連阡陌，下至幕府偏裨，趨走廝役，計其所得，略皆稱是。〔註 93〕

以上只是舉其大者，已可描繪出陝西路官吏非法私營商業之輪廓，無怪乎有「本朝尚名好貪」〔註 94〕之譏。

2. 國營官商

陝西路一直是宋代財政上的重擔，尤其自神宗熙寧年間以來，這個包袱越來越沉重；种諤復綏州，凡費六十萬。〔註 95〕熙河用兵，歲費四百餘萬緡；熙寧七年（1074）以後，歲常費三百六十萬緡，元豐八年（1085）仍高達三百六十八萬三千四百八十二貫。〔註 96〕面對龐大經費壓力，政府應變措施之一即根據王韶的建議，成立市易司──「國營官商」，以紓燃眉，此爲王安石

〔註 87〕《長編》卷六〇，眞宗景德二年五月辛亥條。

〔註 88〕《長編》卷三一〇，神宗元豐三年十一月丙申條。

〔註 89〕《長編》卷一〇一，仁宗天聖元年十二月癸亥條。

〔註 90〕《長編》卷二〇，太宗太平興國四年八月條。

〔註 91〕《宋會要》，〈職官〉六七之七。

〔註 92〕《長編》卷八五，眞宗大中祥符八年七月乙丑條。

〔註 93〕趙汝愚，前引書，卷一四一，馮澥，〈上徽宗論湟、鄯、西寧三州疏〉，頁 17。

〔註 94〕張端義，《貴耳集》（點校本，臺北，木鐸出版社，民國 71 年 5 月初版），卷下，頁 66。

〔註 95〕呂中，《宋大事記講義》（四庫全書珍本二集，臺北，臺灣商務印書館影印，民國 60 年），卷十四，〈兵費〉，頁 12、13。

〔註 96〕朱弁，《曲洧舊聞》（文明刊歷代善本，臺北，新興書局影印，民國 62 年 7 月），卷六，頁 1673。

市易法的濫觴。〔註 97〕

王韶鑒於秦鳳路與西蕃諸國相連接，蕃中物貨四流，商旅之利盡歸民間，欲借官錢爲本，成立市易司，稍籠商賈之利，以助邊費。〔註 98〕遂於熙寧三年（1070）二月，在秦州設置市易司，冀透過居中操縱蕃商與坐賈之間貿易，壟斷商利，達到興利致富目的。〔註 99〕隨即相繼在鎮洮軍、〔註 100〕秦州、永興軍、鳳翔府、〔註 101〕熙、河、岷州、通遠軍、〔註 102〕蘭州〔註 103〕諸處成立市易司。熙寧五年（1072）三月，魏繼宗建議在京師設立市易務，〔註 104〕其後全國各處紛紛設立。市易司主要活動，初有三項：一爲結保賒請，二爲契書、金銀抵當，三爲貿遷物貨。〔註 105〕不久因積年逋負益眾，罷立保賒錢法，專行抵當、市易法。〔註 106〕元豐八年（1085）八月罷市易新法。〔註 107〕哲宗紹聖三年（1096）十二月復置市易務。〔註 108〕

陝西路市易司主要以貿遷物貨，徵收息錢爲重，兼亦對蕃部出借助錢。〔註 109〕利潤頗豐，以通遠軍市易司爲，熙寧三年（1070）十月設置，若本錢爲三十萬貫，七年（1074）二月，收息本錢五十七萬餘緡，短短三年四個月間增加二十七萬緡，〔註 110〕其後用度寖廣，如借貸屯駐兵馬處月支錢，〔註 111〕作充糴本；〔註 112〕及聽任經略司停止市易，以淨利錢應副都轉運司之費等等。〔註 113〕加上人謀不臧，結保賒請逋欠嚴重，經費遂告短絀。

〔註 97〕《宋會要》，〈食貨〉三七之十四、十五。
〔註 98〕《宋會要》，〈食貨〉三七之十四、十五。
〔註 99〕《長編》卷二一六，神宗熙寧三年十月己卯條。
〔註 100〕《宋會要》，〈食貨〉三七之十五。
〔註 101〕《宋會要》，〈食貨〉三七之二二。
〔註 102〕《長編》卷二八六，神宗熙寧十年十二月甲午條。
〔註 103〕《宋會要》，〈食貨〉三八之三三。
〔註 104〕《宋會要》，〈食貨〉三七之十四。
〔註 105〕《長編》卷三〇八，神宗元豐三年九月甲子條。
〔註 106〕《宋會要》，〈食貨〉三七之二七。
〔註 107〕《宋會要》，〈食貨〉三七之三二。
〔註 108〕《宋會要》，〈食貨〉三七之三三。
〔註 109〕《長編》卷二三三，神宗熙寧五年五月丙申條。
〔註 110〕井上孝範，〈沿邊の市易法——特に熙寧、元豐年間の熙河路市易司を中心として〉（《九州共立大學紀要》，第十二卷二號，1978 年 2 月出版），頁 9。
〔註 111〕《長編》卷二三七，神宗熙寧五年八月己丑條。
〔註 112〕《長編》卷二七二，神宗熙寧九年正月乙亥條。
〔註 113〕《長編》卷二六二，神宗熙寧八年四月甲子條。

市易司因拘欄買賣，獨占貿易利益，嚴重打擊民間商業。元豐元年（1078）十一月，宋廷令李稷調查熙河路市易司買賣情形，其於報告中提到經制司令市易務拘買商販匹帛。〔註114〕元豐二年（1079）六月，李憲辯解說：

> 准詔具析擅榷熙、河等州軍商貨事，自置司以來，除蕃商水銀及鹽川寨、官鎮兩場依法禁私販外，市易賣買並取情願交易，未嘗拘欄。〔註115〕

惟宋廷一再下令調查，顯非空穴來風。此一現象實易造成走私貿易猖獗，兼亦影響市易司收益。〔註116〕

總之，政府爲了解決財政困難，在陝西地區成立市易司，由政府出面積極參與商業活動，謀取利益，以助邊費，同時疏通蕃商及坐賈之間交易，調節金融，〔註117〕立意甚善，惟因用途寖廣，經費短絀；壟斷獨占，侵奪民利，致效果不彰。不過，市易司在本區商業活動中居重要地位，猶如海外貿易之榷貨務，是不容忽視的。

（二）民　商

1. 宋廷對商人的態度

宋立國之初，太祖十分重視商業，建隆元年（960）詔令不得苛留商旅，任意發篋搜索，要將商稅稅則貼於務門，不許擅改增收。〔註118〕太宗繼立後，減輕稅則，〔註119〕規定商人經過潼關，來往關東、西者，不得出筭。〔註120〕這道詔令促進陝西商業流通。淳化三年（992）始立商稅祖額，比校科罰。〔註121〕眞宗時禁止有司任增稅額，免致掊克。〔註122〕仁宗康定元年（1040）十一月再度下詔重申禁止。〔註123〕神宗熙寧三年（1070）招募蕃部及募敢死士，須用銀絹，爲避免科散坊郭戶，乃改賜度牒。〔註124〕

〔註114〕《長編》卷二九四，神宗元豐元年十一月乙酉條。
〔註115〕《宋會要》，〈食貨〉三七之二七、二八。
〔註116〕《長編》卷二九九，神宗元豐二年七月庚辰條。
〔註117〕《宋會要》，〈食貨〉三七之十四、十五。
〔註118〕馬端臨，前引書，卷十四，〈征榷考一〉，頁考144。
〔註119〕馬端臨，前引書，卷十四，〈征榷考一〉，頁考145。
〔註120〕《宋會要》，〈食貨〉十七之十三。
〔註121〕馬端臨，前引書，卷十四，〈征榷考一〉，頁考145。
〔註122〕《長編》卷六〇，眞宗景德二年五月癸酉條。
〔註123〕《宋會要》，〈食貨〉十七之二三、二四。
〔註124〕《長編》卷二一〇，神宗熙寧三年四月乙丑條。

然而強敵長期壓境，財政困窘，不得不從開源、節流二方面著手挽救財政。開源以山澤、商賈之利爲主。就榷酤而言，宋、夏和平時期，屢詔不得增課，庶以息民。〔註125〕迄元昊叛宋，西邊軍興，慶曆元年（1041）八月，三司言：「兵久屯陝西，尤籍天下酒榷之利，請較監官歲所增課，特獎之。」〔註126〕三年（1043）六月，討論弛茶，范仲淹持相左意見，主張：

> 茶、鹽、商稅之入，但分減商賈之利爾，於商賈未甚有害也。今國用未省，歲入不可闕，既不取之於山澤及商賈，必取之於農，與其害農，孰若取之商賈。今爲計莫若先省國用，國用有餘，當先寬賦，然後及商賈，弛禁非所當先也。〔註127〕

將主政者掊克商利之心態表露無遺，影響北宋歲收商稅日益增多，戰爭期間尤劇，（表十）商人負擔沉重。

表十：北宋歲收商稅統計表（引自全漢昇，〈唐宋政府歲入與貨幣經濟的關係〉，收入氏著，《中國經濟史研究》上冊，頁250、251）

年　　代	數量（單位貫）	根　據　材　料
至道（995～998）中	4,000,000	《宋史》卷一八六〈食貨志〉，《續通鑑長編》卷九七，《太平治蹟統類》卷二九。
景德（1004～1008）中	4,500,000＋	《樂全集》卷二四〈論國計事〉，《續通鑑長編》卷二〇九，《玉海》卷一八五，《宋會要》〈食貨〉五六。
天禧五年（1021～1022）	12,040,000	與『至道中』同
慶曆五年（1045～1046）	19,750,000＋	與『景德中』同
約慶曆（1041～1049）年間	22,000,000	龔鼎臣《東原錄》
皇祐（1049～1054）中	7,863,900	《宋史》卷一八六〈食貨志〉
嘉祐三年（1058～1059）後	7,000,000	《東原錄》
治平（1064～1068）中	8,463,900	《宋史》卷一八六〈食貨志〉
熙寧十年（1077）前	11,039,404	《宋會要》〈食貨〉一五至一六
熙寧十年（1077）	8,546,652	同上

〔註125〕王稱，前引書，卷四，〈眞宗本紀〉，頁112；《長編》卷一〇六，仁宗天聖六年九月癸丑條。

〔註126〕《長編》卷一三三，仁宗慶曆元年八月壬辰條。

〔註127〕《長編》卷一四一，仁宗慶曆三年六月甲辰條。

宋廷既視商稅收入爲利藪，表面上雖屢降詔體恤商人，但爲了彌補財政困窘，實惟多方斂取掊克。

2. 陝西路民商組成份子

前述陝西路的商業發達，與商人活動情形關係密切，然民商組成份子十分複雜，主要有下面幾類：

（1）豪富，逐利方式略分爲二：一是從事商業活動，如居中操縱市糴，〔註128〕與蕃人貿易射利，〔註129〕等等。二是貸取重息及土地兼併，〔註130〕以形勢戶居多，〔註131〕此類經濟活動對於商業發展有弊無利。

（2）僧侶，唐末五代雖是中國佛教史上黑暗時期，實爲轉型期，蓋由教學型態轉入實踐型態，呈現普及化和庶民化傾向。〔註132〕寺院積極投入社會，力求自給自足，挾其大量土地經濟力量，參與工商業，將二者結合，相輔相成。全漢昇先生在〈宋代寺院所經營之工商業〉一文中有精闢分析，不另贅敍。今舉兩例爲參考，周審玉當知鳳翔府時，有僧乘傳而西，以市木爲名，威動郡邑。〔註133〕秦州蕃官請求於來遠寨置佛寺，以館往來市馬商人。〔註134〕此爲陝西路寺院僧侶從事商業活動的縮影。

（3）其他，有落第士人往來京洛關陝間逐利；〔註135〕有閒官、舉人及四方浮浪之人於熙河路入中邊糧。〔註136〕

3. 商賈經營型態

約略而言，可成分成客商、坐賈二大類型，茲分述如下：

客商是將生產地貨物運搬到需要地，往來從事販賣之商人。若再細分有本地出外經商及外地進入本地販易二種情形。陝西路有不少商人到外地經營

〔註128〕《長編》卷三八四，哲宗元祐元年八月丁亥條。

〔註129〕《宋會要》，〈食貨〉五五之三一。

〔註130〕《長編》卷八六，眞宗大中祥符九年四月辛丑條。

〔註131〕《長編》卷七六，眞宗大中祥符四年十一月癸未條；《宋會要》，〈食貨〉六三之一七七。

〔註132〕黃敏枝，〈宋代寺院經濟的研究〉（臺灣大學歷史研究所博士論文，民國67年1月），頁1、2。

〔註133〕曾鞏，前引書，卷十八，〈武臣周審玉〉，頁11。

〔註134〕《長編》卷一〇三，仁宗天聖三年十月庚申條。

〔註135〕洪邁，《夷堅丁志》（點校本，台北，明文書局，民國71年4月初版），卷十六，〈黃安道〉，頁670。

〔註136〕《長編》卷二七一，神宗熙寧八年十二月己酉條。

買賣，被稱之為「北客」。鄭俠上奏市易法之弊端時稱：「自市易法行，商旅頓不入都，競由都城外逕過河，陝西北客之過東南亦然。」〔註 137〕顯示陝西客商往昔經由京師往東南去。京東路密州板橋鎮有西北數路商賈交易，〔註 138〕可能即包括陝西客商。在未榷蜀茶之際，陝西商旅往往以解鹽、藥物入蜀買茶，並且兼帶蜀貨。〔註 139〕因此陝西客商足跡幾乎踏遍全國，北客也出境從事國際貿易，靈武路上漢人使旅往來不絕，並在熟戶安泊。〔註 140〕根據內蒙古額濟納旗黑城子遺址出土西夏天慶年間典當殘契分析，當時有不少漢人在西夏地區進行以皮毛典當糧食商業交易。〔註 141〕殘契為西夏天慶十一年（1204）五月書寫，相當於南宋寧宗嘉泰四年。但這種商業交易絕非偶然出現的，必然延續相當時間，北宋可能也有類似這種交易存在。所以北客活動範圍不限於本土，還遠及國外。由外地進入本區客商亦絡繹不絕，以入中邊糧商人為主，其次為茶商。〔註 142〕范純粹嘗云：「又竊見關陝以西至沿邊諸路頗有東南商賈，內如永興軍、鳳翔府數處尤多。」〔註 143〕

坐賈為定居於某一處，從事商業活動之商人。前述市易司即有官方坐賈性質，並成立行會組織，如當時秦州行舖賒蕃商物貨，多滯留散失，滋生困擾，王安石推行市易法以謀解決。〔註 144〕另外土人（糧食生產者）亦參與入中，拿到交引後，詣衝要州府鬻之，市得者再到京師鋪賈兌換。〔註 145〕這種居中從事交引買賣者具有客商、坐賈雙重性質。

（三）蕃　商

陝西路位宋境西陲，是對西夏及西蕃諸國貿易必經之處，蕃商出入頻繁，形成本區商業活動特殊景觀。

〔註 137〕鄭俠，《西塘集》（四庫全書珍本四集，臺北，臺灣商務印書館影印，民國 62 年出版），卷一，〈稅錢三十文以下放〉，頁 10，11。

〔註 138〕《長編》卷四〇九，哲宗元祐三年三月乙丑條。

〔註 139〕蘇轍，《欒城集》（四部叢刊正編，明活字印本，臺北，臺灣商務印書館影印，民國 68 年 11 月台一版），卷三十六，〈論蜀茶五害狀〉，頁 365。

〔註 140〕吳廣成，《西夏書事》（臺北，廣文書局影印，民國 57 年 5 月初版），卷七，頁 217、218。

〔註 141〕陳國灿，〈西夏天慶間典當殘契的復原〉（《中國史研究》，1980 年 1 期，1980 年 3 月 20 日出版），頁 143～150。

〔註 142〕《宋史》卷一八三，〈食貨下五〉，頁 4479。

〔註 143〕《長編》卷三四四，神宗元豐七年三月癸丑條。

〔註 144〕《宋會要》，〈食貨〉三七之十四。

〔註 145〕《長編》卷六〇，眞宗景德二年五月壬子條。

蕃商構成份子有二：一爲進貢使臣；二爲民間商賈。以地域來分，則有西夏、西方諸國及沿邊諸羌蕃商。西方諸國以回鶻商賈最盛，往往散行陝西諸路，公然貿易，久留不歸，〔註146〕甚至與漢人通婚，〔註147〕由商品交流提昇到文化交流層次。其次爲于闐商人，其地盛產乳香，商賈大量攜帶入境，〔註148〕也嘗被和雇運糧。〔註149〕此外，龜茲、沙州有絜家入貢者。〔註150〕所以陝西一路有不少西方諸國蕃商活動，促進中西商業、文化交流。

宋夏和戰無常，雙方常處於一種緊張對立狀態，宋廷採取和市馭邊政策，通好時，商販如織，縱其來往；〔註151〕交惡時，走私貿易猖獗。〔註152〕對於沿邊諸羌，宋代採取「聽與民通市」之自由貿易政策，〔註153〕其商賈往來陝西地區自然不在少數。

惟不少蕃僧來往於中外交通道路上，此與蕃法保護禮遇僧人有關。〔註154〕劉渙奉使招納唃廝囉，爲求圓滿達成任務，遂以「落髮僧衣」而行。〔註155〕

第三節　交通運輸

交通運輸影響商業活動至鉅。北宋陝西路交通運輸可分成水、陸運二方面來探討。

（一）水　運

陝西路水運之利偏於本區南部，呈東西聯絡狀，以黃河、渭水爲主。

1. 黃　河

黃河在本區有禹門口、三門等險，不利航行，但宋代仍然十分重視。太

〔註146〕《宋會要》，〈蕃夷〉四之九。

〔註147〕洪晧，《松漠紀聞》（明清刻本，臺北，新興書局影印，民國63年5月），卷上，頁143。

〔註148〕《宋史》卷四九〇，〈外國列傳六〉，于闐條，頁14108。

〔註149〕《長編》卷三三五，神宗元豐六年五月甲午條。

〔註150〕《宋會要》，〈蕃夷〉七之二〇。

〔註151〕趙汝愚，前引書，卷一三一，富弼，〈上仁宗論西夏八事〉，頁7。

〔註152〕廖隆盛，前引文，頁25～29。

〔註153〕《宋史》卷一八六，〈食貨下八〉，頁4564。

〔註154〕周煇，《清波雜志》（四部叢刊續編，常熟瞿氏鐵琴銅劒樓藏宋刊本，臺北，臺灣商務印書館，民國65年6月臺二版），卷十，頁53。

〔註155〕周煇，前引書，卷十，頁53。

祖下詔重疏鑿三門，〔註 156〕英宗治平三年（1066）嘗修鑿棧道。〔註 157〕歐陽修建議重新疏通唐代北運舊道；〔註 158〕王安石也曾計劃鑿通陜州南山，連接黃河、穀、洛水。〔註 159〕企圖恢復航運之利，皆無所成。黃河雖不利航行，但宋仍在三門、白波設立發運使，以掌漕運。〔註 160〕漕運的物資主要有菽粟、解鹽、竹木三種。

宋初陝西諸州供菽粟，利用黃河運送至京師，太宗太平興國六年（981）規定黃河每年輸粟五十萬石、豆三十萬石。〔註 161〕東南未復之時，皆轉輸關中之粟，以供給京師。〔註 162〕隨即因漕運困難、戰爭破壞、關中凋殘，漕運量日減，眞宗景德二年（1005）規定每年運送馬料三十萬石至京師，斛䢺未有定數。〔註 163〕仁宗慶曆間纔運菽三十萬石，嘉祐四年（1059）停止菽粟漕運。〔註 164〕反從關東輸粟，解決糧荒。〔註 165〕解鹽也是利用黃河運送，〔註 166〕仁宗天聖初，嘗疏濬由安邑至白家場溝渠，以利解鹽運入黃河。〔註 167〕竹木沿著渭水進入黃河，黃河有三門底柱之險，竹木常受損，以致押運衙前往往破產。〔註 168〕

政府對於黃河綱運十分重視，明訂獎賞，若一年船運無疎失者，殿侍三

〔註 156〕《宋史》卷一，〈太祖本紀〉，頁 14。

〔註 157〕黃河水庫考古隊，《三門峽漕運遺跡》（北京，科學出版社，1959 年 9 月第一版），頁 55；三門下游杜家莊棧道上發現修鑿棧道題記四行，分別爲「治平三年十」、「月內山河都」、「頭毛順重別」、「開鑿嗌道記」。

〔註 158〕趙汝愚，前引書，卷一三二，歐陽修，〈上仁宗論廟筭三事〉，頁 10、11。

〔註 159〕司馬光，《涑水紀聞》（文明刊歷代善本，臺北，新興書局影印，民國 64 年 2 月出版），卷十六，頁 1462。

〔註 160〕《宋會要》，〈職官〉四二之五。

〔註 161〕《宋會要》，〈食貨〉四六之一。

〔註 162〕曾鞏，《元豐類藁》（四部叢刊正編，烏程蔣氏密韻樓藏元刊本，臺北，臺灣商務印書館影印，民國 68 年 11 月臺一版），卷四九，〈本朝正要策〉，漕運，頁 316。

〔註 163〕張方平，前引書，卷二三，〈論京師軍儲事〉，頁 21。

〔註 164〕馬端臨，前引書，卷二五，〈國用三〉，頁考 245。

〔註 165〕蔡襄，前引書，卷十三，〈陝府西轉運使金部郎中李彥可司封充淮南等路發運使判〉，頁 4。

〔註 166〕《宋會要》，〈食貨〉四二之十五、十六。

〔註 167〕曾鞏，《隆平集》，卷三，〈河渠〉，頁 19；《長編》卷一〇四，仁宗天聖四年五月己酉條。

〔註 168〕杜大珪，《名臣碑傳琬琰集》（中）（宋鈔本，臺北，文海出版社影印，民國 58 年 5 月初版），中集卷二六，〈蘇文忠公軾墓誌銘〉，頁 778。

司軍大將、綱官、綱副等每月增給縉錢。〔註 169〕對於解鹽則有拋散耗鹽規定：

> 自三門垛鹽務裝發至白波務，每席支沿路拋散耗鹽一斤。白波務支堆垛銷折鹽半斤。自白波務裝發至東京，又支沿路拋散耗鹽一斤。其耗鹽候逐處下卸，如有擺撼消折不盡數目，並令盡底受納，附帳管係。〔註 170〕

當時拋失官物、舟船之情形十分嚴重，押運綱船官吏常諉稱患疾，企圖脫罪，以免科罰。〔註 171〕惟多爲圖假藉拋失官物之名，占爲己有，〔註 172〕及沿途盜賣〔註 173〕對政府造成莫大的損失。

2. 渭　水

渭水舟楫之利甚差，洪邁《夷堅丁志》有一段話描繪：

> 夜未半，大風忽起，如山頹泉決之聲，魚龍悲吟，波浪濺激，搖兀不得寐，兢憂達曉，望南岸，即崩摧數仞，客舟元同憩宿者淪溺無餘。〔註 174〕

渭水支流滻、灞等河，每經大雨，易泛濫成災，多傷人命。〔註 175〕鳳翔府每歲造舟六百艘供黃河饋運，必沿著渭水而下，以達黃河；有覆溺者，破產而償。〔註 176〕渭水航運之危險於此可見。

總之，黃河、渭水雖不利航行，仍是本區重要運輸動脈，眞宗天禧末，全國歲造運船二、九一六艘，鳳翔府斜谷占六〇〇艘，僅次於處州六〇五艘，〔註 177〕居第二位，可見對水運的倚賴仍重。

（二）陸　運

前述陝西路水運不便，且偏南，故區內交通以陸路運輸爲主，可分爲國內、外二部份。

〔註 169〕《宋會要》，〈食貨〉四二之三。
〔註 170〕《宋會要》，〈食貨〉四六之三。
〔註 171〕《宋會要》，〈食貨〉四二之十四。
〔註 172〕《宋會要》，〈食貨〉四二之一〇。
〔註 173〕《宋會要》，〈食貨〉四六之三、四二之十五、十六。
〔註 174〕洪邁，前引書，卷七，〈華陰小廳子〉，頁 597、598。
〔註 175〕《宋會要》，〈方域〉十三之二七。
〔註 176〕陸心源，《宋史翼》（臺北，文海出版社影印，民國 56 年 1 月臺初版），卷十八，循吏一，〈胡令儀〉，頁 759。
〔註 177〕《宋會要》，〈食貨〉四六之一。

附圖六　北宋川陝交通路線圖

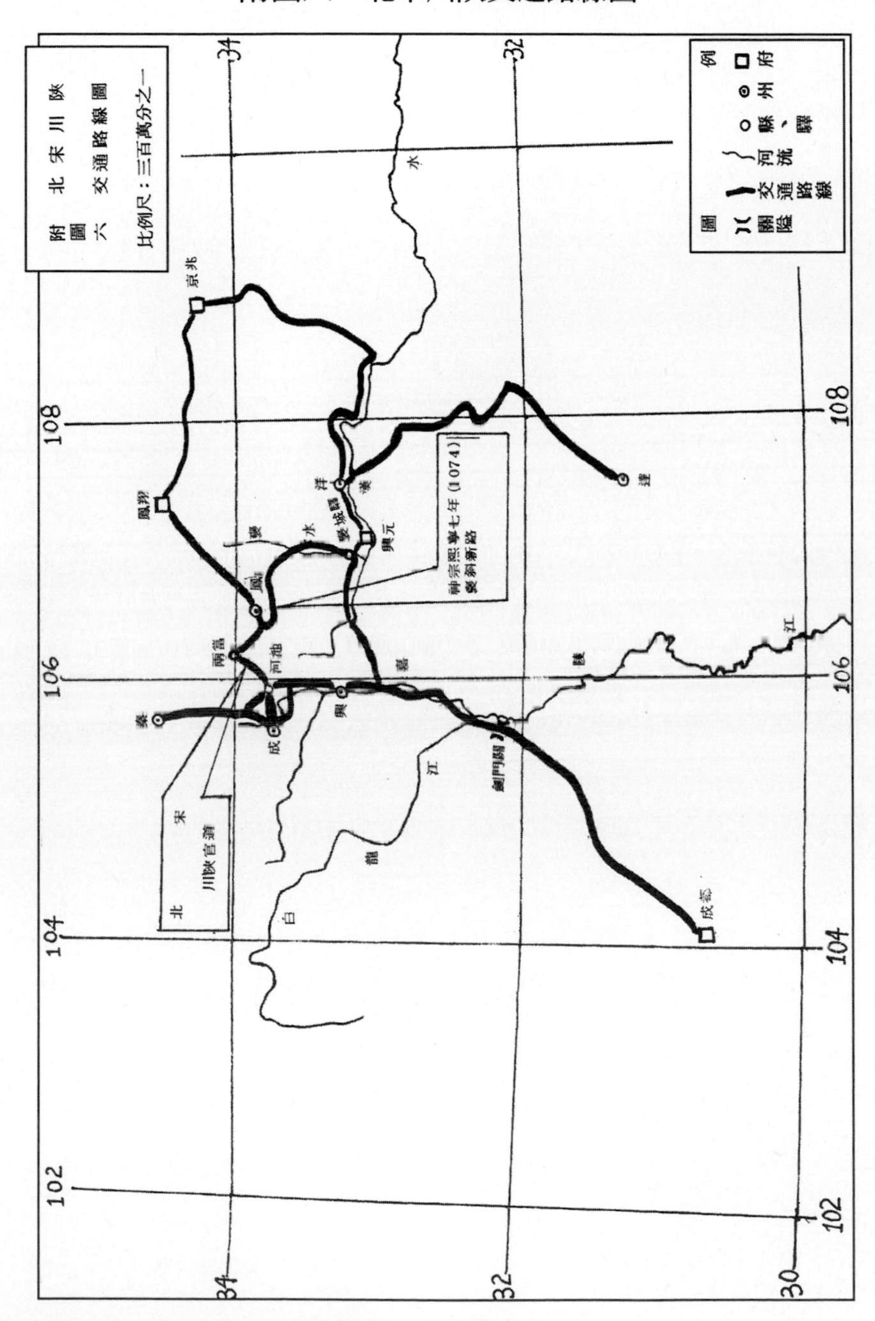

比例尺：三百萬分之一

1. 國內陸運

陝西路仰賴京師及四川供應，陸運交通系統以聯絡二地爲主。

（1）與京師關東及區內交通狀況。從眞宗祀汾陰道途可約略勾劃出脈絡；大致上從汴京（河南開封縣）出發，經鄭州（河南鄭縣）、西京（洛陽市）、陝州（河南陝縣），出潼關、渡渭水、至河中府（山西永濟縣）。政府十分重視這條通道，太祖建隆三年（962）嘗詔西京整修，以爲坦路。〔註178〕眞宗天禧三年（1019）因霖雨壞道，遣使修葺西京至陝州道路。〔註179〕

出潼關，進入本區之後，道路呈網狀分佈。除東北至河中府之外，西至京兆府（西安市），南至商州（陝西商縣），東南至虢州（河南靈寶縣南四十里），西北至耀州（陝西耀縣）〔註180〕以西至京兆府最爲重要，沿著渭水河谷，再西可至鳳翔府（陝西鳳翔縣）、隴（陝西隴縣）、秦州（甘肅天水縣），今日隴海鐵路開封至天水一段大都採取此道。由京兆府北至耀、坊州（陝西中部縣），沿洛河河谷，向北至鄜（陝西鄜縣）、延州（陝西膚施縣），保安軍（陝西保安縣）等地；西北則至邠州（陝西邠縣），沿涇河河谷，向西北至涇（甘肅涇川縣）、原州（甘肅鎮原縣）；由涇州西可通渭州（甘肅渭源縣）；由邠州向北至寧州（甘肅寧縣），沿著涇河支流馬連河河谷可達慶州（甘肅慶陽縣），再上溯馬蓮河支流環河河谷可達環州（甘肅環縣）。

從京西路鄧州（河南鄧縣）沿著丹江、析水河谷，出武關，可入京兆府；有不少小商賈絡繹於途，歐陽修嘗建議整修，未見付諸行動。〔註181〕這是陝西地區聯絡京西、荊湖、利州等路之捷徑。

陝西與京師關東地區陸運十分頻繁，早期有上供綱運、〔註182〕西鄙運糧〔註183〕等活動；從仁宗宋夏交兵以來，來往急劇。區內交通則因百姓支移，應付軍須而熱絡。

（2）與四川交通狀況。自古以來蜀道難行，秦蜀之間聳立大巴、岷山、秦嶺，不易翻越，只得利用河谷自然通道。歷史上攀越大巴、岷山通道有三：一爲劍閣道、二爲米倉道、三爲洋巴道，其中以劍閣道最爲重要。通過秦嶺

〔註178〕《宋會要》，〈方域〉一〇之一。

〔註179〕《宋會要》，〈方域〉一〇之二。

〔註180〕樂史，前引書，卷二九，〈關西道五〉，華州，頁244、245。

〔註181〕趙汝愚，前引書，卷一三二，歐陽修，〈上仁宗論廟筭三事〉，頁10～13。

〔註182〕《宋會要》，〈食貨〉四二之五。

〔註183〕《宋會要》，〈食貨〉四二之三。

通道有陳倉、褒斜、儻洛、子午四道。〔註 184〕

北宋秦蜀官驛採取陳倉、劍閣道路線，自鳳翔府出，經鳳州（陝西鳳縣）、兩當（甘肅兩當縣）、河池（甘肅徽縣）、興州（陝西略陽縣）、青陽驛、三泉縣金牛驛（陝西寧羌縣東北六十里）、通過劍門關、直入成都府（成都市）；四川茶綱皆取道此路，若發川綱至秦州、緩急應付邊需，可由故驛轉至成州（甘肅成縣），直達秦州。〔註 185〕神宗熙寧七年（1074）利州路提點刑獄范百祥建議恢復褒斜新路（興元府路）爲官驛，寬漢中輸納之勞，以減驛程。此路是由鳳州武休驛（陝西鳳縣東南）經褒城驛（陝西褒城縣）至金牛驛，〔註 186〕但只維持四年，元豐元年（1078）又恢復舊道。不過褒斜新路有官吏、客旅任便往來，〔註 187〕仍爲重要通道之一。經由子午道者亦頗頻繁，宋初取孟昶即由此路入蜀，商旅由京兆府之南子午谷直趨洋州（陝西洋縣），再南至達州（四川達縣）。〔註 188〕

這些通道位於群山眾巒之中，維護不易，因此於入川官驛兩旁栽種林木，以備修葺之用，〔註 189〕地方官吏爲邀恩獎，常建議修路，眞宗嘗下詔無得擅行。〔註 190〕

川陝之間交通頻繁，凡蜀絹可充內府，供京師之用，採用陸輦方式；羨餘不急之物，才使用水道運輸。〔註 191〕神宗熙寧三年（1070）將上供蜀物於陝西封樁，節省蜀人輸送之勞，且可免自京師支撥之費。〔註 192〕四川遂爲陝西的腹地。

〔註 184〕黃盛璋，〈川陝交通的歷史發展〉（《地理學報》，二十三卷四期，1957 年 11 月出版），頁 419～435。

〔註 185〕《宋會要》，〈方域〉一〇之三、四。

〔註 186〕《宋會要》，〈方域〉一〇之五。

〔註 187〕《宋會要》，〈方域〉一〇之三、四。

〔註 188〕李復，前引書，卷三，〈回王漕書〉，頁 11。

〔註 189〕《宋會要》，〈方域〉一〇之二。

〔註 190〕《宋會要》，〈方域〉一〇之一。

〔註 191〕歐陽修，《歐陽文忠集》（四部叢刊正編，上海涵芬樓景印元刊本，臺北，臺灣商務印書館影印，民國 68 年 11 月臺一版），卷三十九，〈峽州至喜亭記〉，頁 293、294。

〔註 192〕《長編》卷二一七，神宗熙寧三年十一月己酉條。

附圖七　北宋與西夏交通路線圖

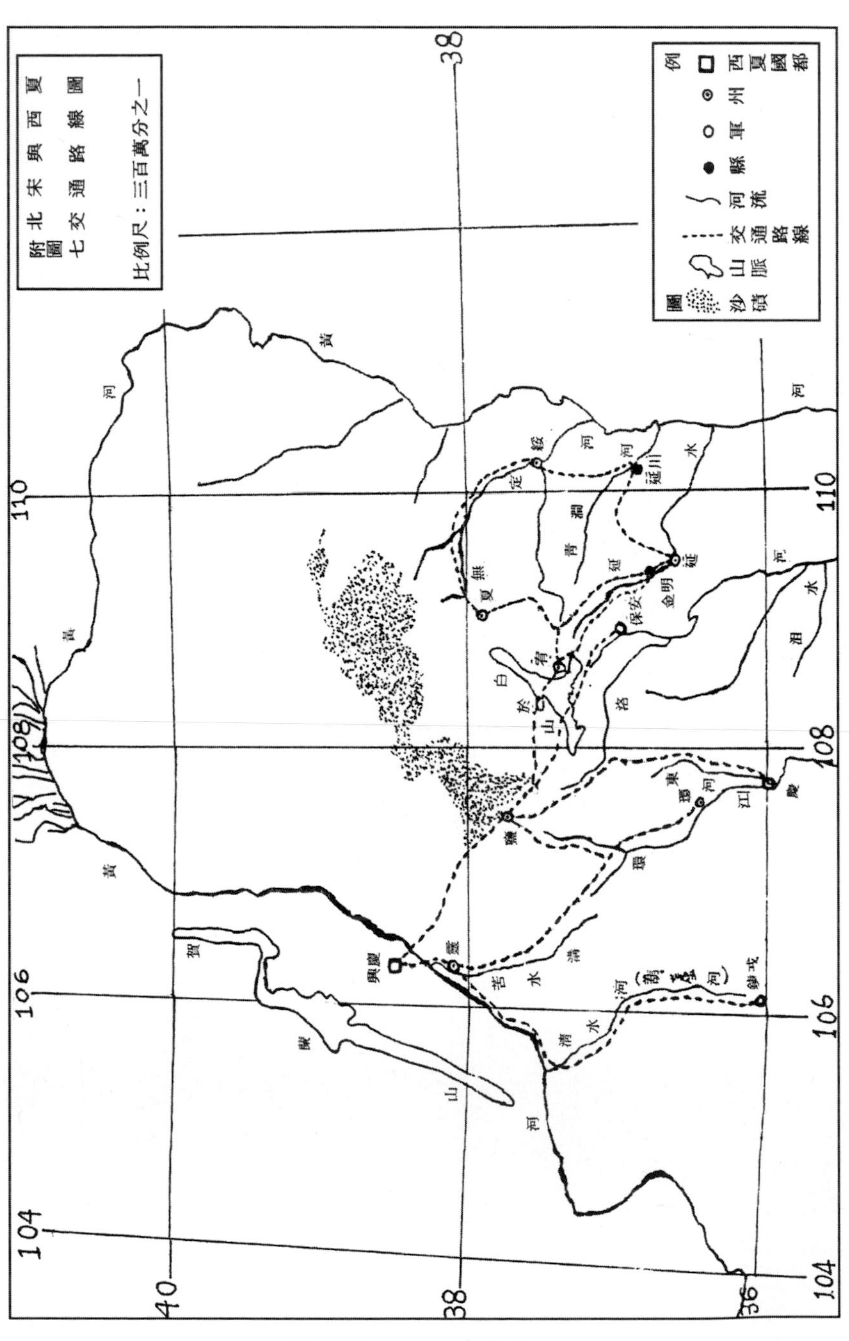

比例尺：三百萬分之一

2. 國外陸運

對國外陸運有西夏、西方諸國二個區域，茲分述如下：

（1）與西夏交通狀況。陝西路與西夏接壞，通路很多，主要有下列幾條：

a. 從延州進入平夏（銀、夏諸州及青、白二池）有三條通道，一爲東北自豐林縣葦子驛（陝西膚施縣東南）、至延川縣（陝西延川縣），接綏州（陝西綏德縣），入夏州界（陝西橫山縣西）。二爲正北從金明縣（陝西安寨縣北）入蕃界，至蘆門（蘆子關，在土門山上），約四、五百里方入夏州南界。三爲西北歷萬安鎮（陝西敷政縣西南），經承安城，出洪門（陝西靖邊縣東南），至宥州（陝西靖邊縣）。〔註 193〕三處皆土山柏林，溪谷相接，徑路仄狹；駝馬不得並行。〔註 194〕其中以正北通道最爲險要，夏人犯境常沿此路。〔註 195〕惟可至鹽州（寧夏鹽池縣北），稱爲鹽夏路，塞門砦（陝西安塞縣北一五〇里）至石堡（陝西保安縣北三十里）、烏延嶺（陝西橫山縣南）一段在山谷中行，最爲險狹，出烏延嶺之後，至鹽州地勢平坦。〔註 196〕

b. 自保安軍入西夏有長城嶺路，由軍北歸娘族六十里過長城嶺，北至秦王井驛，入平夏，經柳泊嶺、鐵巾、白池（甘肅鹽池縣界）、人頭堡、苦井、三分山谷口、河北九驛至興州（寧夏東南境）。保安軍至秦王井驛一段在山谷中行，自秦王井地勢漸寬，但經沙漬。〔註 197〕

c. 自慶州出發有車箱峽路，由淮安鎮（甘肅慶陽縣東北一六〇里）西北入通塞川、經大明泊、靜邊鎮（陝西保安縣西南）、香栢砦，取車箱峽路，過慶州舊番戎地，北入鹽州，全程約五百里。〔註 198〕

d. 從環州通往西夏，由洪德砦西北入青岡峽（甘肅環縣北），過美利砦，漸入平夏，至靈州（寧夏靈武縣西南）。此路中越旱海七百里，無溪澗，山谷難得水泉，是通往靈州主要大道。〔註 199〕從通遠軍（環州）至青岡峽這段五百里路途，皆爲蕃部熟戶，商旅來往頻繁，並宿熟戶。〔註 200〕眞宗咸平年間，

〔註 193〕《長編》卷三五，太宗淳化五年正月條。
〔註 194〕吳廣成，前引書，卷三，頁 88。
〔註 195〕《長編》卷三四二，神宗元豐七年正月條。
〔註 196〕曾公亮，前引書，前集卷十八上，頁 6、7。
〔註 197〕曾公亮，前引書，前集卷十八上，頁 7、8。
〔註 198〕曾公亮，前引書，前集卷十八上，頁 12。
〔註 199〕吳廣成，前引書，卷六，頁 181。
〔註 200〕《長編》卷三五，太宗淳化五年正月條。

西夏陷清遠軍、靈州，此道隔絕不通，改由洪德砦東北入歸德川（甘肅環縣北），過西界蝦蟇砦、馲駞會、雙堆峯，至鹽州，全程約三百餘里。洪德砦至馲駞會一段沿著河谷，泥濘難行，自馲駞會至鹽州路平易行。〔註 201〕

e. 從鎮戎軍（甘肅固原縣）西北經三川（甘肅固原縣西北）、定川（甘肅固原縣西北廿五里）、劉璠等寨，緣葫蘆河川，過古城、葦子灣，出蕭關，至鳴沙縣界（甘肅中衛縣東），入靈武。〔註 202〕地形平坦，若勁騎疾馳，渭州日暮可至。〔註 203〕

〔註 201〕曾公亮，前引書，前集卷十八上，頁 15。
〔註 202〕《長編》卷一三九，仁宗慶曆三年正月條；曾公亮，前引書，前集卷十八上，頁 20。
〔註 203〕《長編》卷一三二，仁宗慶曆元年六月條。

附圖八　北宋時期中西交通路線圖

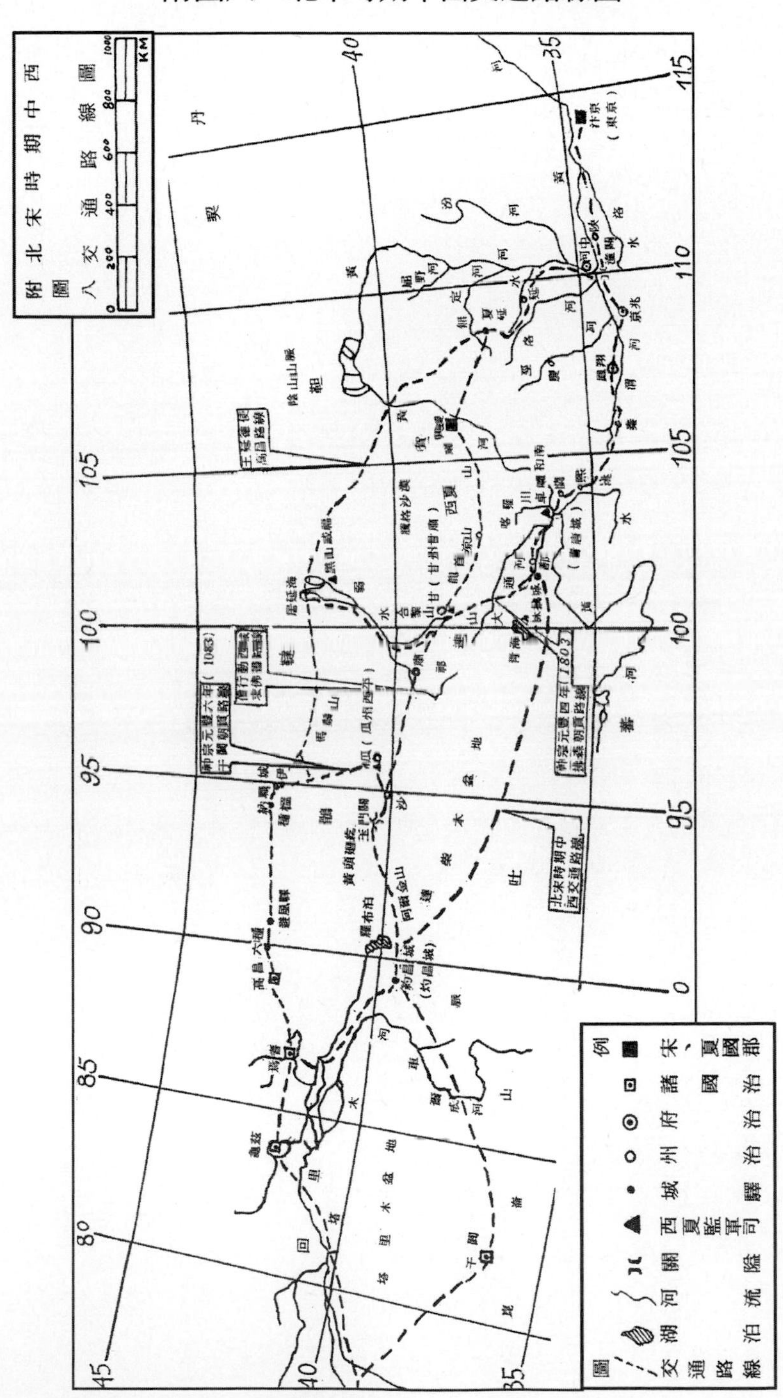

（2）與西方諸國交通狀況。宋代西北國際局勢大變，通道也隨之改變，茲將演變概況敘述如下：

宋代開國之初，河西走廊通道暢通無阻，僧行勤往西域求佛書，即行此路。〔註204〕太宗太平興國六年（981）王延德使高昌，由夏州出發，歷玉亭鎮、黃羊平（陝西定邊縣東南九十里甎井堡南）、渡沙磧、臨黃河、次歷六窠沙、樓子山、都督山、谷羅川、馬鬃山望鄉嶺、格囉美源、托邊城（又名李僕射城）、小石州、伊州（新疆哈密縣）、益都、納職城、鬼谷口避風驛、澤田寺、寶莊、六種、至高昌（新疆吐魯番縣地）。〔註205〕根據黃文弼先生考證，樓子山疑爲阿拉善北之沙磧，合羅川疑即張掖河，馬鬃山在酒泉縣北，托邊城疑即今鎮西，納職城即今托和齊，避風驛即今十三間房（新疆鄯善縣西），澤田寺即今七克騰木，六種即今魯克沁（新疆吐魯番縣東）。〔註206〕大致上沿著走廊外北山山麓，經韃靼境內、哈密至高昌。

仁宗景祐三年（1036）趙元昊取瓜、沙、肅三州，攻蘭州，占據河西走廊，在喀羅川（今名莊浪河）岸設置卓囉和南監軍司，靠近湟水入黃河之處，扼阻大通河、湟水進入走廊要道；〔註207〕黑山威福監軍可控制額濟納河通往走廊要徑；〔註208〕另有甘州甘肅、〔註209〕瓜州西平、黑水鎮燕〔註210〕諸監軍司控制走廊交通，通行不易，因此交通路線向南遷移。

神宗元豐四年（1081）拂菻國貢方物，其路徑爲：

> 又東至西大石及于闐王所居新福州，次至舊于闐、次至約昌城，乃于闐界，次東至黃頭廻紇，又東至韃靼，次至種榅，又至董氊所居，

〔註204〕《宋史》卷四九○，〈天竺傳〉，頁14104。

〔註205〕《宋史》卷四九○，〈高昌傳〉，頁14110、14111。

〔註206〕黃文弼，〈古樓蘭歷史及其在中西交通上之地位〉（《史學集刊》，第五期，民國36年12月）頁141、142。

〔註207〕前田正名，〈西夏時代における河西を避ける交通路〉（《史林》，四二卷一期，1959年1月出版），頁87。

〔註208〕宋濂等，《元史》（新校本，台北，鼎文書局，民國68年3月再版），卷六○，〈地理三〉，頁1451：「亦集乃路，在甘州北一千五百里，城東北有大澤，西北俱接沙磧，乃漢之西海郡居延故城，夏國嘗立威福軍。」

〔註209〕宋濂，前引書，卷六○，〈地理三〉，頁1452：「山丹州，唐爲刪丹線，隸甘州，宋初爲夏國所有，置甘肅軍。」

〔註210〕吳廣成，前引書，卷十二，頁7：「黑水鎮燕駐兀剌海域」；另據宋濂，前引書，卷六○，〈地理三〉，頁1452：兀剌海路，（元）太祖四年（1209），由黑水城北兀剌海西關口入河西，獲西夏將高令公，克兀剌海城。

次至林檎城，又東至青唐，乃至中國界。〔註211〕

約昌城（《長編》記載爲灼昌城）爲《新唐書》卷四三中的石城鎮，即是漢樓蘭國，亦名鄯善。〔註212〕黃頭廻紇爲瓜、沙、肅州一帶回鶻民族，韃靼散居於陰山一帶，與回鶻東境相連；〔註213〕種榅即仲雲，在伊吾（哈密）一帶；〔註214〕董氈所居則是指青唐地；林擒城（《長編》記載爲林檎城）即是寧西城（甘肅西寧縣西四十里）。〔註215〕由此得知，其路徑大致上由于闐，經鄯善、瓜、沙、肅州一帶回鶻地、韃靼，後迂迴伊吾、青唐地、入中國。遼聯絡唃廝囉合攻西夏，亦循此路徑，繞經回鶻路至河湟。〔註216〕造成鄯州（青海樂都縣）繁榮，唃廝囉因而富強。〔註217〕

元豐六年（1083）于闐貢方物，使者所行路徑由黃頭廻紇、草頭韃靼、董氈（青唐地）至中國。〔註218〕未見迂廻繞道，乃直接穿越河西走廊、進入青唐地，到達中國。此時西夏準備入寇，河西一帶兵力空虛，于闐使者遂得趁虛而入。〔註219〕

總之，宋初中西通道或沿北山山麓而行，或取道河西走廊；西夏崛起，控制河西地區，路線南移，改繞經青唐地至中國。

第四節　貨幣金融

宋代商業發達，貨幣需求量激增，唐代鑄造貨幣一年最多不過三十多萬緡，〔註220〕北宋神宗熙寧、元豐年間每年鑄造近六百萬貫左右。〔註221〕陝西

〔註211〕《宋會要》，〈蕃夷〉四之一九。

〔註212〕前田正名，前引文，頁96、97。

〔註213〕歐陽修，《新五代史》（新校本，臺北，鼎文書局，民國65年11月初版），卷七四，四夷附錄三，〈韃靼條〉，頁911。

〔註214〕「種榅」一地議論紛紜，桑田六郎先生在〈回紇衰亡考〉（《東洋學報》，十七卷一號，1933年出版）認爲種榅爲宗哥城，前田正名先生在前引文中則認爲種榅爲仲雲，在伊吾（哈密）一帶；見頁95～100，本文採前田氏說法。

〔註215〕《宋史》卷八七，〈地理三〉，陝西，西寧州寧西城條，頁2168；另見前田正名，前引文，頁84。

〔註216〕《長編》卷一八八，仁宗嘉祐三年九月乙亥條。

〔註217〕《宋史》卷四九二，〈唃廝囉列傳〉，頁1461～1462。

〔註218〕《宋會要》，〈蕃夷〉四之一七。

〔註219〕《長編》卷三二六，神宗元豐五年五月辛卯條；另前田正名，前引文，頁93～94。

〔註220〕歐陽修，《新唐書》，卷五四，〈食貨四〉，頁1386；唐玄宗天寶年間，天下歲

路爲銅、鐵錢使用區域；〔註 222〕銅、鐵錢、交子三種是主要流通貨幣，惟金、銀亦流通，由此反映幣材種類及流通之地方性。

一、銅、鐵錢

宋初陝西路仍使用銅錢，但有大量流出境外銷鑄爲器之現象，太宗嘗嚴禁銅錢出塞。〔註 223〕後以軍興，用度不足，遂大量鑄銅錢，並且另鑄當十大銅錢，與小錢兼行。〔註 224〕仁宗康定元年（1040）又令江南鑄大錢，江、池、虢、饒州鑄小鐵錢，全部輦致關中使用。〔註 225〕慶曆年間，廢止陝西路使用小鐵錢，專用銅錢及大鐵錢，二者兌換比率爲一個銅錢折合二個大鐵錢。〔註 226〕造成銅、鐵錢兼用情形原因有三：一爲支用龐大，銅錢不敷使用，陝西產鐵甚眾，可鑄錢兼用，以助邊費。〔註 227〕二爲防堵銅錢大量流出境外。〔註 228〕三爲四川專用鐵錢，二者經濟關係密切，故鐵錢流通自然擴及陝西地區。

由於三文小銅錢可鑄一文當十大銅錢，盜鑄日滋、錢文大亂、物價翔踊、幣輕物重，仁宗慶曆四年（1044）改爲大銅錢一當小錢三，小鐵錢三當銅錢一，猶未能禁絕，嘉祐四年（1059）再令陝西大銅錢、小鐵錢一皆當二，乃戢止盜鑄。幣值從一當十滑落到當二，且又屢變，兵民損失慘重，頗多咨怨。〔註 229〕

神宗熙寧四年（1071）天下通行折二錢，〔註 230〕並且收購關中惡錢，重新鼓鑄，整理貨幣。〔註 231〕元豐年間（1078～1085）鑄造銅錢總額爲五百零六萬貫，陝西路永興軍、華、陝州三監各鑄二十萬貫，合計六十萬貫，占總

鑄三十二萬七千緡。

〔註 221〕馬端臨，前引書，卷九，〈錢幣二〉，頁考 95。

〔註 222〕馬端臨，前引書，卷九，〈錢幣二〉，頁考 96。

〔註 223〕《長編》卷十九，太宗太平興國三年二月甲申條。

〔註 224〕《宋史》卷一八〇，〈食貨下二〉，頁 4381。

〔註 225〕《宋會要》，〈食貨〉十一之六。

〔註 226〕馬端臨，前引書，卷九，〈錢幣二〉，頁考 94。

〔註 227〕《長編》卷一二九，仁宗康定元年十二月戊申條。

〔註 228〕馬端臨，前引書，卷九，〈錢幣二〉，頁考 96。

〔註 229〕《長編》卷一六四，仁宗慶曆八年六月丙申條。

〔註 230〕《長編》卷二二一，神宗熙寧四年三月己亥條。

〔註 231〕《長編》卷二五六，神宗熙寧七年九月壬戌條；卷二六〇，神宗熙寧八年二月甲子條。

額百分之一點一八；鐵錢爲一百零一萬四千二百三十四貫，陝西路虢州在城、朱陽監、商州阜民、洛南監各十二萬五千貫，通遠軍威遠鎮、岷州滔山鎮共二十五萬貫，合計八七五、○○○貫，占總額百分之八六點二七，〔註 232〕鐵錢充斥陝西路，面值日益低落；熙寧年間，銅錢一貫兌換鐵錢一貫五十文，到了哲宗元符二年（1099）銅錢一貫兌換鐵錢一貫六百文足，〔註 233〕貶值百分之六五點六二。遂下詔陝西悉禁銅錢。〔註 234〕

徽宗嗣位，鑒於鐵錢重滯，難以齎遠，准許聽任民間銅、鐵錢流通；官府銅錢止用糴買。〔註 235〕崇寧二年（1103）下令陝西路鑄造折十銅錢并夾錫錢，〔註 236〕錢法大壞，盜鑄猖獗，物價日增，陝西路更形殘破。

二、交　子

交子可視爲中國最早紙幣，大約始於太宗時期四川商人爲了解決鐵錢攜帶不便而產生的，起初由民間豪商自辦，仁宗天聖年間，政府接管發行。〔註 237〕

〔註 232〕元豐年間各監鑄錢數目各書略有出入，綜合《宋會要》、《通考》、《玉海》等書而成的，永興軍、華、陝州三監，《通考》卷九作各鑄二十萬，《宋會要》〈食貨〉十一之二作各鑄十萬貫，今取通考說法。

〔註 233〕《長編》卷五一二，哲宗元符二年七月癸卯條。此條對於神、哲宗二朝銅、鐵錢兌換比率下跌有詳盡資料，列表於後，以爲參考。

時　　間	銅錢一貫兑換鐵錢數量	備　　註
熙寧年間（1068～1078）	一○五○文	
元祐三年（1088）	一○二○文	
元祐六年（1091）	一二○○文	民間爲一七○○文（《長編》卷四五七，哲宗元祐六年四月甲午條）
紹聖元年（1094）	一二五○文	
紹聖四年（1097）	一四○○文	
元符二年（1099）	一六○○文	

〔註 234〕《宋史》卷一八○，〈食貨下二〉，頁 4385。

〔註 235〕《宋史》卷一八○，〈食貨下二〉，頁 4386。

〔註 236〕馬端臨，前引書，卷九，〈錢幣二〉，頁考 96。

〔註 237〕《長編》卷五九，真宗景德二年二月庚辰條。《宋史》卷一八一，〈食貨下三〉，頁 4403；李攸，《宋朝事實》（武英殿聚珍本，臺北，文海出版社，民國 56 年 1 月臺初版），卷十五，〈財用〉，頁 593～598。

川陝來往頻繁，四川交子在陝西地區亦流通使用，惟陝西本身曾二度發行交子，遂有二種交子流通，一爲四川交子；一爲陝西發行交子。〔註238〕

（一）四川交子

仁宗天聖四年（1026）政府開始使用四川交抄支付於秦州入中糧草客商，在四川益、嘉、邛等州請領交子及鐵錢，尚未在陝西境內流通使用。〔註239〕慶曆七年（1048）取益州交子三十萬，充作召募人於秦州入中糧草本錢，先後共借六十萬貫，並無見錢樁管，虛行印刷，破壞了四川交子信用，田況嘗要求今後不許秦州借支。〔註240〕然效果不彰，四川交子仍大量流入陝西，王韶置秦州市易司，以秦鳳路經略安撫司見管西川交子爲本錢。〔註241〕開闢熙河路之後，成都府轉運司每年提供其交子十萬貫，支付納錢客商。〔註242〕哲宗紹聖以後，界率增造，以給陝西沿邊糴買及募兵之用；一度造成成都乏用窘狀。〔註243〕

四川交子在陝西信用不錯，徽宗崇寧元年（1102）蔡京欲增造三百萬貫，與見錢、鹽鈔兼行。〔註244〕大觀元年（1107）改四川交子爲錢引，當時陝西、河東地區錢引值五至七千，成都纔値二、三百，豪右趁機規利害法，朝廷下詔民間交易十千以上，令錢與引半用。〔註245〕自用兵取湟、廓、西寧以來，利用交子助軍費，濫發無限，不蓄本錢，交子慘跌，甚至一緡當錢十數文。〔註246〕

（二）陝西交子

神宗熙寧四年（1071）陝西軍興，支用不足，用以入中現錢的鹽鈔，價格大跌，無人問津，遂決定停止購買鹽鈔，改用發行交子來彌補財政缺乏。〔註247〕

〔註238〕加藤繁，〈陝西交子考〉，收入《中國經濟史考證》（臺北，華世出版社，民國65年6月譯本初版），頁521。

〔註239〕《宋會要》，〈食貨〉三六之十八至二〇。

〔註240〕《長編》卷一六〇，仁宗慶曆七年二月己酉條；李攸，前引書，卷十五，〈財用〉，頁593～598。

〔註241〕《宋會要》，〈職官〉二七之三七、三八。

〔註242〕《長編》卷二五八，神宗熙寧七年十二月條。

〔註243〕《宋史》卷一八一，〈食貨下三〉，頁4404。

〔註244〕陳均，《九朝編年備要》（四庫全書珍本七集，臺北，臺灣商務印書館影印，民國66年出版），卷二十六，〈徽宗崇寧元年九月陝西通行交子條〉，頁47、48。

〔註245〕馬端臨，前引書，卷九，〈錢幣二〉，頁考97。

〔註246〕馬端臨，前引書，卷九，〈錢幣二〉，頁考97。

〔註247〕馬端臨，前引書，卷九，〈錢幣二〉，頁考97。

旋因不便而罷，恢復鹽鈔買賣。〔註 248〕七年（1074）又因鹽鈔多出虛鈔，有虛抬逼糴之患，乃發行交子兼助鹽鈔。〔註 249〕由於濫發無度，豪商猾賈轉販，巧取豪奪，多羸官錢，深害鈔價，遂又罷行陝西交子。〔註 250〕

爲何四川交子能夠順利發行，而陝西卻一再失敗？肇因雖多，然發行動機不同，實有以致之；四川交子爲解決鐵齎遠之不便，滿足交易需要而發行；陝西發行交子惟基於彌補財政困窘，結果產生惡性循環，遂走上失敗一途。四川提供陝西交子，初期支付入中商人，未在市面流通，皆能回籠，維持價值不墜；後期因增造無藝，大量流入，造成交子廢弛崩潰。

三、貨幣金融對陝西路商業影響

約略言之，其影響有三：

（一）易動輕變，只求近利，嚴重打擊商業活動。陝西路以軍興而支用不足，導致通貨膨脹，政府乃鑄造大錢企圖抑止，反更加惡化，當十銅、鐵錢跌落到折二，後鐵錢斥市，銅錢益乏，遂禁銅錢；又鑄造當十大錢及夾錫錢，一味追求貨幣利潤，造成百姓「大家蕭條無十金」之慘景。〔註 251〕但是陝西路貨幣之波動，除了西夏戰爭、北宋末年全國性通貨膨脹及神宗熙、豐年間通貨緊縮之外，〔註 252〕其餘皆屬局部性的，這跟北宋貨幣流通的地方性有關，因爲鐵錢、交子貶值只影響到使用區域，其他區域則較少受到波及。

（二）幣材繁多，折兌困難，影響商業發展。以銅、鐵錢爲例，陝府以東爲銅錢地域，西人必須換易銅錢，方能東去。哲宗元祐六年（1091）四月規定有稅物在陝府換易銅錢東去者，以所納稅錢爲限，十分許換二分，稅錢一千以下，則許全換錢，但每人至多不得超過五千。〔註 253〕對於往來商旅自然不便；鐵錢兌換銅錢比率屢跌，損失不貲，這些都影響到商業發展。

（三）從四川交子在陝西流通使用；後導致交子制度廢弛崩潰，及本身

〔註 248〕《長編》卷二二二，神宗熙寧四年四月癸亥條，卷二二一，神宗熙寧四年三月己亥條。
〔註 249〕《長編》卷二五四，神宗熙寧七年六月壬辰條；卷二五六，神宗熙甯七年九月丙辰條。
〔註 250〕《長編》卷二七二，神宗熙寧九年正月甲申條。
〔註 251〕劉攽，前引書，卷八，〈關西行〉，頁 5。
〔註 252〕全漢昇，〈北宋物價的變動〉，收入氏著，《中國經濟史論叢》（香港，新亞研究所，1972 年 8 月出版），頁 81～83。
〔註 253〕《長編》卷四五七，哲宗元祐六年四月甲午條。

受到四川影響發行交子，可以再次證明川陝之間經濟關係密切，亦反映出陝西爲四川財政上一個沉重包袱。

第四章　陝西路與國內商業活動

本區地處邊陲，屯駐大軍，兵食孔亟，飛芻輓粟，募人入中，十分頻繁。加以境內盛產池鹽、材木等物，又爲別地所需，懋遷有無，故商業活動十分興盛。

第一節　糧　糈

一、糧糈需求

冗官、冗兵是宋代財政二大負擔，尤以冗兵爲重，英宗治平二年（1065）天下歲入約六千餘萬緡，養兵之費約五千萬，六分之財，兵占其五。〔註1〕陝西路久經兵燹，戍兵邊境，軍費支出相當龐大，其中以糧糈爲最重，加上其他諸因素，需求更殷切。茲分成下列五點來分析。

（一）軍旅消耗。兵以食爲本，依糧而立。西夏長期逼境，本區一直維持重兵，根據史料統計，仁、英、神宗三朝陝西路兵額大致如下：（列表示之）

表十一：北宋仁、英、神三朝陝西路兵額統計表

時　　間	兵　　額	資　料　出　處	備　　註
仁宗康定元年（1040）	四十五萬。	趙汝愚，《宋名臣奏議》，卷一二三，歐陽修，〈上仁宗論廟筭三事〉	其中十四、五萬爲鄉兵。
仁宗康定元年至慶曆二年（1040～1043）	二十一萬五千。	呂中，《宋大事記講義》，卷十二，〈元昊・西夏〉。	鄜延路六萬八千、環慶路五萬、涇原路七萬、秦鳳路二萬七千。

〔註1〕趙汝愚，前引書，卷一二一，陳襄，〈上神宗論冗兵〉，頁11。

仁宗嘉祐七年（1062）	二十五萬。	《長編》卷一九六，仁宗嘉祐七年二月癸卯條。	此數字爲禁、廂軍數目。
英宗治平元年（1064）	十九萬。	蔡襄，《端明集》，卷二二〈國論要目〉	此數字爲禁軍數目。
神宗熙寧二年（1069）	二十八萬。	趙汝愚，《宋名臣奏議》，卷一〇三，蘇轍，〈上神宗乞去三冗〉。	
神宗熙寧八年（1075）	十九萬九千二百六十七多（鄜延路未計入）	《長編》卷二六一，神宗熙寧八年三月癸巳條。《永樂大典》卷一二五〇六、一二五〇七，神宗熙寧八年閏四月癸卯、五月甲子條。《長編》卷二六六，神宗熙寧八年七月戊子條。	熙河路正兵三萬三千人，秦鳳路正兵二萬二百餘人，弓箭手、寨戶、蕃兵二萬四千餘人。 環慶路五萬二千六十九人。 涇原路上下番正兵、弓箭手、蕃兵約七萬餘人。

防邊東兵月受七斗五升米，士兵二石五斗米。〔註 2〕以此計算，仁宗康定元年（1040）約消耗七百二十萬斛米，嘉祐七年（1062）約二百二十五萬斛米，占全年歲入數量百分之八，〔註 3〕若再加上土兵消耗量，數目可觀。〔註 4〕神宗熙寧七年（1074）熙、河二州軍馬歲支人糧馬豆三十二萬斛，草八十萬束，〔註 5〕元豐二年（1079）鄜延一路歲計軍食二十七萬餘碩，〔註 6〕哲宗紹聖年間熙河路歲費糧一百二十餘萬碩。〔註 7〕雖經裁兵，就糧內兵等措施，收效甚微，故軍旅消耗占本區糧糈支出大宗。

（二）天災兵禍。前述本區天災頻作，兵禍連年，影響糧糈生產及價格甚鉅，茲將陝西地區物價列表明之。

〔註 2〕《長編》卷一二五，仁宗寶元二年閏十二月條。

〔註 3〕蔡襄，前引書，卷二十二，〈論兵十事〉，頁 19；嘉祐年間糧食歲入額爲二六、九四三、五七五石。

〔註 4〕一般皆認爲土兵善戰而贍薄，其實不盡然；例如：陝西保毅，上番人月給六斗米，相當於日支二升。(《宋史》卷一九〇，〈兵四〉，頁 4709) 前引《長編》卷一二五，仁宗寶元二年閏十二月條中記載，夏竦請置土兵以代東兵，楊偕以費多反對。由土兵升爲禁軍之保捷指揮，一兵歲費七千緡，(《長編》卷一六七，仁宗皇祐元年十月丙戌條) 遠較禁軍一兵歲費五千緡、廂軍三千緡爲多。(趙汝愚，《宋名臣奏議》，卷一二一，蔡襄，〈上仁宗論兵九事〉，頁 4) 保甲旬上，每人日支口食米三升，鹽菜錢一〇文，而正兵每遇差出，以至戍邊，每人只日支口食二升至二升五合，後將保甲減爲二升半，(《長編》卷三四三，神宗元豐七年二月辛未條) 略見端倪。

〔註 5〕《長編》卷二五四，神宗熙寧七年六月丁丑條。

〔註 6〕《宋會要》，〈食貨〉三九之三一。

〔註 7〕《宋會要》，〈食貨〉四〇之四、五。

表十二：北宋陝西地區物價表

時　間	物　價	區　域	原　因	資料出處
太宗至道三年（997）五月	米一升一〇〇〇文	靈　州	李繼遷犯靈武	《長編》卷四二，太宗至道三年十一月己巳條。
太宗至道三年（997）七月	粟一圍銀一兩	靈　州	李繼遷犯靈武	《宋會要》，兵二七之四。
眞宗咸平六年（1003）正月	米一斗虛實錢七一四文，粟一斗虛實錢四九七文，草一束虛實錢四八五文。	鎭戎軍	折中糧草價例	《宋會要》，〈食貨〉三九之二。
眞宗大中祥符三年（1018）八月	芻一圍四錢。	河中府	秋苗茂盛，穀價至賤	《長編》卷七四，眞宗大中祥符三年八月癸酉條。
英宗治平四年（1068）	米、麥斗不過百錢，粟豆半之。	長　安	錢多物賤。	《長編》卷五一六，哲宗元符二年閏九月甲戌條附註。
神宗熙寧元年至三年（1068～1070）	陳色白米每斗七十五文，小麥每斗四十文足陌。	永興軍		《司馬文正公文集》，卷四四，〈奏爲乞不將米折青苗狀〉。
神宗熙寧四年（1071）正月	白米每斗一百文足陌。稈草每束二十七文足陌。	永興軍	夏旱秋霖、五穀不熟。	《司馬文正公文集》，卷四三，〈乞不添屯軍馬〉。
神宗熙寧九年（1076）	米麥每斗四、五百文，賤亦不減三百文以上。	熙河路		《長編》卷二七六，神宗熙寧九年六月條。
神宗元豐元年（1078）九月	官糴米斗錢百五十，市價百二十。	熙、河二州		《長編》卷二九二，神宗元豐元年己丑條。
神宗元豐五年（1082）	米每斗三百四十文。	陝西路	軍興	《長編》卷五一二，哲宗元符二年七月癸卯條。
神宗元豐七年（1084）正月	米斗不下一百六十文足陌，草束不下六十文足陌。	沿邊諸路帥臣所在。		《長編》卷三四二，神宗元豐七年正月丁未條。
神宗元豐七年（1084）五月	米每斛四百七十文足陌。	熙、河、岷、通遠四州軍		《長編》卷三四五，神宗元豐七年五月丙寅條。
神宗熙豐年間（1068～1085）	米每斗八十至一百一十文。	陝西路		《長編》卷五一二，哲宗元符二年七月癸卯條。

哲宗紹聖二年（1095）	米每斗五百文。	華　州	屬歲不登	晁補之，《雞肋集》，卷六五，〈右朝議大夫梁公墓誌銘〉。
哲宗元符二年（1099）七月	官糴米價五百二十文足陌，市價新米七百八十文足陌，陳米七百二十文足陌。	延安府	錢輕物重	《長編》卷五一二，哲宗元符二年七月癸卯條。
哲宗元符三年（1100）	米斗千錢。	關　中	兵不解甲，饑饉相仍。	晁說之，《嵩山文集》，卷一，〈元符三年應詔封事〉。
徽宗建中靖國元年（1101）五月	米斗一貫四百文。	鄜延路新城堡砦。	大兵之後，洊有凶年，雖經去歲豐穰，物價未甚減少。	趙汝愚，《宋名臣奏議》，卷一四○，范純粹，〈上徽宗論進築非便〉。
徽宗建中靖國元年（1101）	米斗一千足陌。	長安、陝、華三處。	百姓流徙	趙汝愚，《宋名臣奏議》，卷一四○，張舜民，〈上徽宗論進築非便〉。
徽宗建中靖國元年（1101）	麥麪一秤二貫三百文足陌，而未封樁糴米每石二十貫有畸。	鄜延路	同上	同上
徽宗崇寧三年（1104）四月	米斗不下三、四貫足陌。	鄯、廓		《長編》拾補卷二三，徽宗崇寧三年四月辛酉條引趙挺之手記。
徽宗崇寧五年（1106）三月	和糴入粟，鄯州每石至七十貫，湟州五十餘貫。	鄯州、湟州	鄯、湟初復，羌人屢叛，夏國納之，時時寇邊，饋運極艱。	《宋史》卷一九一，〈兵四〉弓箭手。

綜觀前表，每逢天災兵禍，糧糈供應不足，物價暴漲，需求自然增加。

（三）饋運不便。本區距離京師遙遠，漕運之利甚微，多仰陸輦，運載甚難，遠非河北有水運之利所能比，入中市估，往往別為加擡。〔註 8〕境內搬運亦不易，鄜延一路道途崎嶇難行，不可通大車，只能用小車、驢子運送，〔註 9〕仁宗慶曆四年（1044）由坊州運糧至延州，二年之內兵夫逃亡、役死及凍殍者九百餘人，共費糧七萬餘石，錢萬餘貫，僅得糧二十一萬石，搬運勞弊，時人謂之「地獄」〔註 10〕甚至差雇京西路鄧州人夫。〔註 11〕熙河路

〔註 8〕《長編》卷六○，真宗景德二年五月壬子條。
〔註 9〕范仲淹，前引書，〈年譜補遺〉，頁 263。
〔註 10〕《長編》卷一四九，仁宗慶曆四年五月甲申條。

爲新復之地，地里甚遠，傳卒勞苦寒餒，齎操輸送之費猥多，〔註 12〕曾雇蕃脚搬運。〔註 13〕輦糧差雇車乘之人，日支米二升，錢五十文，〔註 14〕亦消耗不少糧糈。眞宗時，緣於饋運困難，糧草不繼，終棄靈州。〔註 15〕神宗用兵西方；王安石嘗剖析說：

> 將帥隨時搜擇，亦不乏人，經制財用，備西事，不必專在陝西，今天下財用足，則轉給陝西無難者，但以米穀難於運致，故惟陝西農事欲經制爾。〔註 16〕

由於饋運不便，應付不繼，糧糈需求自然殷切。

（四）防邊策略。宋夏戰爭約可分成三個時期，一爲李繼遷叛宋獨立時期，二爲趙元昊入侵稱帝時期，三爲宋朝積極向西夏進攻時期。第二階級，宋屢遭失利，改採消極防守策略，築堡寨，戍重兵，糧糈支費浩繁。第三階段則行積極蠶食策略，在境內、外大肆修建堡寨，神宗元豐七年（1084）鄜延、環慶二路曾合雇工人搆工，日支米二升、錢百文。〔註 17〕完工之後，又計置糧草，再加上多次出兵，支出不可勝計，糧糈日蹙，需求嚴重。

（五）其他因素。宋廷爲強化抗敵力量，於沿邊召募歸明人，計口給食，老稚無用者，十有七八，坐耗邊廩，〔註 18〕深爲蠹害。若逢緣邊災荒，蕃漢闕食之際，爲防止夏人招誘熟戶，相接背逃，厚加安輯，散糧支錢，所費頗鉅。〔註 19〕夏人往往驅牛馬至沿邊博糴民穀，防不勝防，無法禁絕。〔註 20〕邊地各處場務釀酒，耗蠹無度，每逢兵馬屯聚，難得糧草之時，賣酒愈多，轉致穀米耗竭，〔註 21〕凡此皆影響到糧糈需求。

〔註 11〕《宋會要》，〈食貨〉四三之二。
〔註 12〕《長編》卷二四四，神宗熙寧六年四月甲戌條。
〔註 13〕《宋會要》，〈食貨〉四三之一。
〔註 14〕《長編》卷三二六，神宗元豐五年五月丙申條。
〔註 15〕《長編》卷五〇，眞宗咸平四年十二月丁卯條。
〔註 16〕《長編》卷二四四，神宗熙寧六年四月丁酉條。
〔註 17〕《長編》卷三四三，神宗元豐七年二月辛未條。
〔註 18〕范純仁，前引書，范忠宣遺文，〈論熙、延與夏國所畫封疆事；答詔論邊情乞不妄功以觀成敗之變〉，頁 11、32、33；歸明人係指異族人歸宋，詳情可參閱黃寬重，〈略論南宋時代的歸正人（上）〉（《食貨月刊》復刊七卷三期，民國 66 年 6 月出版），頁 1。
〔註 19〕《長編》卷二五六，神宗熙寧七年七月己亥條。
〔註 20〕《長編》卷一九一，仁宗嘉祐五年二月癸酉條。
〔註 21〕范純仁，前引書，范忠宣奏議，卷上，〈條列陝西利害〉，頁 30、31。

二、糧糈獲得

前述陝西路糧糈迫切需求，政府採取多項措施來解決，約可歸納成下列幾類。

（一）兩稅支移。支移是一項應付沿邊軍糈，節省政府齎送費用的制度。《宋史》卷一四七〈食貨志〉對此有明確解釋：「其輸有常處，而以有餘補不足，則移此輸彼，移近輸遠，謂之支移。」眞宗景德二年（1005）詔轉運使對於陝西路州軍折變他物，支移沿邊，件析以聞。〔註22〕施以德明奉表稱藩，封疆罷警，宜息轉輸，罷行支移，止送本所。〔註23〕然仍有支移情形存在，大中祥符三年（1010）五月再詔陝西、河東夏秋租稅，輸送本屬，不得支移。〔註24〕

仁宗嗣位，留意民間疾苦，欲免河中府、同、華州支移，輔臣對曰：「西鄙屯兵，若不移支民賦，即爲擾益甚。」只得詔減其量。〔註25〕其時陝西歲費一千五百萬，賦入支十之五，〔註26〕支移占相當比例，無法輕言廢止。爲解決路遙脚重之困難，人戶攜帶現錢至指定支移地點，就糴斛米輸納，沿途還受到商稅場務徵收過稅剝削，加重負擔。〔註27〕范仲淹則建議在近裏州軍輸納，以惜民力。〔註28〕後陝西、河東用兵，民賦率多支移，增收地里脚錢。慶曆五年（1045）詔陝西特蠲除，並規定若需要支移、折變，事先書榜諭民，聽民自訴不便，再由主事官吏裁之。〔註29〕

神宗熙、豐年間用兵，支移頻繁，甚至從河東路糴穀十萬石支移鄜延路。〔註30〕元豐七年（1084）規定支移毋過三百里。〔註31〕當時陝西路轉運使呂大忠以支移爲名，令人戶就本處每斗輸納脚錢十八文，百姓苦之，遂又細分第一、二等戶支移三百里內，第三、四等二百里內，第五等戶一百里內，若願納地里脚錢，亦分爲三等，錢數各從其便。〔註32〕至徽宗時期，人戶稅租不按條令，

〔註22〕《宋會要》，〈食貨〉七〇之六。
〔註23〕《長編》卷六五，眞宗景德四年閏五月甲午條。
〔註24〕《長編》卷七三，眞宗大中祥符三年五月庚子條。
〔註25〕《長編》卷一〇二，仁宗天聖二年九月庚寅條。
〔註26〕王應麟，《玉海》卷一八六，〈理財〉，頁3511。
〔註27〕《宋會要》，〈食貨〉七〇之七、八。
〔註28〕范仲淹，前引書，〈年譜補遺〉，頁263。
〔註29〕《宋史》卷一七四，〈食貨上二〉，頁4207。
〔註30〕《宋會要》，〈食貨〉三九之三七。
〔註31〕《宋會要》，〈食貨〉七〇之一六。
〔註32〕《長編》卷三九六，哲宗元祐二年三月庚午條。

逕行估價納錢，貼納脚費，估直不實，民間輸納比本色支移陪費〔註33〕

支移成效不彰，神宗熙寧四年（1071）十月十四日，章惇報告陝西路每歲支移沿邊斛斗纔十萬三千餘石，草二十四萬餘束，所省不過三數萬貫，卻造成一路騷擾。〔註34〕政府爲解決糧稩需求窘境，遲遲未能罷行，民深受其害，尤以支移一事爲大患。〔註35〕兼官府人謀不臧，大肆斂取，收地里脚錢，至南宋紹興年間，却變成正式稅額。〔註36〕

（二）入中邊糧。其爲一種政府爲解決饋運不便，厚利召募商賈輸納的權宜措施。太宗雍熙末年用兵，切於糧餉，令商人入芻糧塞下，酌地之遠近，而厚增其值，授以交引，至京師請給緡錢；或至江、淮、荊湖等處請給茶鹽，〔註37〕由折博務主之。〔註38〕入中之價無定，別爲加擡，由轉運使視當時緩急而裁之；初以鹽利博，商人皆競趨請鹽，後禁江淮鹽，增用茶資，動輒虛估，所入僅值十五、六千至二十千者，即給茶值百千；及眞宗罷兵和議，邊儲稍緩，交引虛估未改，猥多浮濫，價值愈賤，遂規定入中陝西近裏州軍值錢五千者，給百千實茶，次邊增給十千，沿邊增給十五千；入中者既得交引，至京師榷貨務，若是行商者，則交引舖買爲保，榷貨務給錢或移文南州給茶，非行商者，則交引舖買自售，轉鬻於茶賈。〔註39〕輦下鋪戶多積蓄交引，從中射利，不知茶利者百千僅鬻得二十餘緡實錢。〔註40〕又復刁難稽留，耽延時日，詔限五日支還行遣。〔註41〕大中祥符、天禧年間，陝西入中糧斛百千交引，官給九十千市之，鬻之僅得十二千；五千交引，官給十三至十九千市之，出售止獲八、九千，遂依民間時價例，百千有加擡者，官給十二千，無者，官給十一千；五千者以九千爲準，由永興（京兆）、鳳翔、河中府等處出錢收市。〔註42〕旋即罷買，另立久制，仍許商人入中，〔註43〕但入中茶鹽

〔註33〕《宋會要》，〈食貨〉七〇之二四、二五。
〔註34〕《宋會要》，〈食貨〉七〇之十二、十三。
〔註35〕趙汝愚，前引書，卷一四一，馮澥，〈上徽宗論湟、廓、西寧三州〉，頁15。
〔註36〕《宋會要》，〈食貨〉七〇之三三。
〔註37〕《宋史》卷一八三，〈食貨下五〉，頁4479。
〔註38〕《宋會要》，〈食貨〉五五之二〇。
〔註39〕《長編》卷六〇，眞宗景德二年五月壬子條。
〔註40〕《宋會要》，〈食貨〉三六之八、九。
〔註41〕《宋會要》，〈食貨〉三六之十二。
〔註42〕《宋會要》，〈食貨〉三六之一〇、十一；《長編》卷八九，眞宗天禧元年二月甲戌條。
〔註43〕《宋會要》，〈食貨〉三六之一四。

交引至京師，鮮有人收買，慮虧損商人，入中不至，有誤邊備，又令永興、鳳翔、河中三府現錢收買環、慶等十三處入中芻糧交引。〔註 44〕天禧二年（1018）詔依河北例，每斗束量增其值，計實錢給引，至京以見錢買之，若願受茶貨交引，每入百千，增給五千茶引；京師榷貨務依時價納錢支茶，不得更用芻糧交引貼納茶貨。〔註 45〕交引益賤，京師才值五千，於是政府出內藏庫錢五十萬貫搜購毀之。〔註 46〕停止算買交引後，入中芻糧甚少，淮南茶貨滯積，遂又奏請恢復。〔註 47〕

仁宗繼立之初，入中芻糧以茶償之，後益東南緡錢，香藥象齒，謂之「三說」；每引十萬，茶引售錢五萬一千至六萬二千，香藥象齒引售錢四萬一千有奇，東南緡錢引售錢八萬三，虛估日高，茶價日賤，緡錢多失，入中日寡；天聖元年（1023）改採李諮見錢法，實錢入粟，實錢售茶，二者不得相為輕重，以絕虛估之弊，茶引入錢七萬四千有奇至八萬，香藥象齒引售入錢七萬二千有奇，東南入錢十萬五百，豪商巨賈大失其利，〔註 48〕莫肯入中，遂罷其法，復行三說法。〔註 49〕另有不少川商至秦州入中芻糧，至蜀界請鐵錢或交子，後許渭州仿行之。〔註 50〕採納范雍建議，聽取沿邊秦、延、環、慶、渭、原、保安、鎮戎、德順九州軍以解鹽支付入中價格，〔註 51〕後改入中他物，如翎毛、筋角、膠、漆、鐵、炭、瓦、木、石灰之類，猾賈貪商乘射取利，勾結官吏，以邀售價，鹽值益賤。范祥改法，令客商於沿邊九州軍入納見錢，糴買糧草，算請解鹽。〔註 52〕康定元年（1040）陝西地區除茶、香藥象齒、東南緡錢之外，東南末鹽亦應付入中，衍為四說法。〔註 53〕政府為支還入中價格，一歲約支一千萬貫以上，三司無法計置，仰內帑供應，慶曆二、三年（1042、1043）連年支撥六百萬匹兩，〔註 54〕但入中商客未多，僅可少

〔註 44〕同前註。
〔註 45〕《宋會要》，〈食貨〉三六之一四、一五。
〔註 46〕《長編》卷九七，真宗天禧五年五月己亥條。
〔註 47〕《長編》卷九七，真宗天禧五年十月壬子條。
〔註 48〕《長編》卷一〇二，仁宗天聖二年七月壬辰條。
〔註 49〕《宋史》卷一八四，〈食貨下六〉，頁 4489。
〔註 50〕《宋會要》，〈食貨〉三六之十八至二〇。
〔註 51〕《宋會要》，〈食貨〉三六之十五、十六。
〔註 52〕《宋會要》，〈食貨〉二三之三九、四〇。
〔註 53〕《長編》卷一六八，仁宗皇祐二年正月壬子條。
〔註 54〕《長編》卷二〇九，英宗治平四年閏三月丙午條。

助糧草而已。〔註 55〕

神宗西方用兵，費用寖廣，納粟補官，募民實粟於邊，〔註 56〕入中斛斗不收打撲錢。〔註 57〕徽宗崇寧年間，蔡京復行榷茶，更改鈔鹽法，欲括四方之錢入京師，〔註 58〕入中邊糧蕩然無存。總括說，入中係爲應付軍興糧稍之需，或三說、四說之法，或見錢法，屢更無定，影響茶鹽專賣甚鉅，眞宗景德年間邊糴纔及五十萬，而東南三百六十餘萬茶利盡歸商賈。〔註 59〕就其本身計置糧草目的而言，收效甚微，但間接促進國內茶鹽貿易和邊地貿易。〔註 60〕

（三）置場市糴。糴買是本區獲致糧斛重要途徑，茲分成專責機構、糴買本錢、市糴方式及效果四方面討論之。

1. 市糴機構。宋代官制紊亂，冗官浮濫，層層相疊，名實不符，從市糴一事亦可反映出來。本區市糴機構主要有轉運、經略安撫、提舉常平等司。

轉運司經度一路財賦，掌軍儲、租稅、計度及刺舉官吏之事。〔註 61〕經略安撫司則掌一路兵民之事，聽其帥屬獄訟，頒布禁令、定其賞罰、稽其錢穀、甲械出納之名籍事。〔註 62〕平時糴買糧草，轉運司交割，經略司計置，糴買本錢由轉運司封樁，夏、秋二季各分爲三分，夏季自四至六月，秋季自七至九月，每月應副一分，經略司關報合適樁管之處即行糴買。〔註 63〕戰時經略安撫司專治兵旅，市糴之事全責轉運司主管。〔註 64〕隨後轉運司鑒於有急倉猝貴價糴買，或自近裏搬運，枉費財用，虛勞民力，又自行糴買糧草，形成重疊侵紊、事權不一現象，二司各置場競爭價値，相互違戾，以致糴買不行。〔註 65〕

提舉常平司掌常平、義倉、免役、市易、坊場、河渡、水利之法，視歲

〔註 55〕 范仲淹，前引書，政府奏議下，〈奏論陝西兵馬利害〉，頁 204。
〔註 56〕 王林，前引書，卷二，頁 12。
〔註 57〕 《長編》卷二七，神宗熙寧九年十一月己卯條；打撲錢即是過稅，猶如今日關稅。
〔註 58〕 馬端臨，前引書，卷一八，頁考 161、175。
〔註 59〕 馬端臨，前引書，卷十八，頁考 175。
〔註 60〕 宋晞，〈北宋商人的入中邊糧〉，收入氏著，《宋史研究論叢》第一輯（臺北，中國文化研究所，民國 68 年 7 月再版），頁 81。
〔註 61〕 《宋會要》，〈食貨〉四九之一。
〔註 62〕 《宋史》卷一六七，〈職官七〉，頁 3960。
〔註 63〕 《長編》卷三一一，神宗元豐四年正月辛丑條。
〔註 64〕 《宋會要》，〈食貨〉三九之三五、三六。
〔註 65〕 《宋會要》，〈食貨〉四〇之二。

豐歉而爲斂散，以平穀價，惠澤農民。〔註66〕計一地戶口多寡，量留上供錢，糴糴封樁，三司無輒移用，領於司農寺。〔註67〕常平錢粟積蓄甚豐，常貸沿邊諸路經略司、轉運司糴本，但往往非理問難，導致糴買失時。〔註68〕本身坐倉收糴，糴價常高過轉運司，影響計置。〔註69〕宋廷曾令極、次邊提舉司糴買場與轉運司共作一場通糴，分廒封樁。〔註70〕常平倉穀除備歲歉俵散之外，亦供沿邊守禦緩急之需，漢蕃弓箭手闕乏借貸，〔註71〕若有合留充軍糧支遣，即令撥兌軍糧。〔註72〕

前述之外，尙有經制邊防財用司經畫熙河一路錢帛、芻糧，以供邊費。〔註73〕都大提舉成都府永興軍等路榷茶司以茶易穀，糴價毋得超過轉運司，博到斛斗不許取息變糴，僅依元價撥予轉運司先作軍糧，價款於榷茶司年額應副錢豁除。〔註74〕熙河路市易務增置官一員，兼領市糴。〔註75〕

2. 市糴本錢，糴買支出十分驚人，鄜延、環慶二路在哲宗紹聖四年（1097）各費糴本一千萬，明年（1098），鄜延路又乞糴本五、七百萬，環慶路乞七十萬，應副夏糴。〔註76〕茲將仁、神、哲宗三朝支撥陝西糴糧經費列表如下，以明其概。

表十三：北宋仁、神、哲宗三朝支援陝西路糴糧經費表

時　間	數　　額	使用地區、單位	資　料　出　處	備　註
仁宗天聖元年（1023）八月	左藏庫絹十萬。	陝西緣邊州軍	《長編》卷一〇一，仁宗天聖元年八月庚子條。	
仁宗天聖四年（1026）正月十二日	榷貨務錢五十萬貫。	陝西	《宋會要》，〈食貨〉五五之二四。	

〔註66〕《宋史》卷一六七，〈職官七〉，頁3968。
〔註67〕《宋史》卷一七六，〈食貨上四〉，頁4276。
〔註68〕《宋會要》，〈食貨〉五三之一二；《長編》卷四七七，哲宗元祐七年九月壬辰條。
〔註69〕《宋會要》，〈食貨〉五三之一三。
〔註70〕《長編》卷三四一，神宗元豐六年十一月庚戌條。
〔註71〕《宋會要》，〈食貨〉五三之一二。
〔註72〕《宋會要》，〈食貨〉三九之二一、二二。
〔註73〕《宋史》卷一六七，〈職官七〉，頁3972。
〔註74〕《長編》卷三九八，哲宗元祐二年四月乙酉條。
〔註75〕《宋會要》，〈食貨〉三七之二七。
〔註76〕《長編》卷五〇〇，哲宗元符元年七月己未條。

仁宗天聖五年（1027）十月	四川上供紬絹十萬	環、慶等州	《長編》卷一〇五，仁宗天聖五年十月庚午條	
仁宗天聖七年（1029）七月	榷貨務,內藏庫緡錢各十萬。	陝西、河北	《長編》卷一〇八，仁宗天聖七年七月癸酉條。	
仁宗天聖九年（1031）八月	內藏庫絹六十萬。	陝西、河北、河東	《長編》卷一一〇，仁宗天聖九年八月丙戌條。	
仁宗景祐四年（1037）十一月	內藏庫紬絹五十萬。	陝西、河北	《長編》卷一二〇，仁宗景祐四年十一月己未條。	
仁宗寶元元年（1038）九月	內藏庫錦綺綾羅一百萬。	陝西	《長編》卷一二二，仁宗寶元元年九月乙未條。	
仁宗康定元年（1040）二月	內藏庫緡錢八十萬。	陝西	《長編》卷一二六，仁宗康定元年二月辛丑條。	
仁宗慶曆三年（1043）二月十六日	內藏庫錢八十萬。	陝西	《宋會要》,〈食貨〉三九之一九。	候淮南般到錢,依數撥還。
仁宗慶曆四年（1044）二月	奉宸銀三萬兩。	陝西	《長編》卷一四六，仁宗慶曆四年二月丙申條。	博糴穀麥，以濟飢民。
神宗熙寧二年（1069）九月	永興軍封樁銀二十餘萬兩。	陝西轉運司	《宋會要》,〈食貨〉三九之二一。	
神宗熙寧二年（1069）閏十一月	空名祠部二千道。	鄜延安撫司	《宋會要》,〈食貨〉三九之二一。	召童行及客人進納見錢，收糴斛斗封樁。
神宗熙寧三年（1070）七月一日	度牒千道。	環慶經略司	《宋會要》,〈食貨〉三九之二二。	召商人入錢封樁,半糴邊儲。
神宗熙寧三年（1070）九月二十九日	內藏庫絹百萬疋。	陝西轉運司	《宋會要》,〈食貨〉三九之二三。	其半分四路封樁，餘易沿邊軍儲。
神宗熙寧四年（1071）正月十三日	榷貨務五十萬貫。	陝西	《宋會要》,〈食貨〉三九之二三。	以京東支與河北封樁紬絹三十萬疋、錢十萬,還榷貨務。
神宗熙寧四年（1071）二月十五日	榷貨務封樁銀十二萬七千兩,絹一萬七千匹。	陝西轉運司	《宋會要》,〈食貨〉三九之二三。	

神宗熙寧四年（1071）十月十六日	絹七十萬匹。	陝西	《宋會要》，〈食貨〉五三之一一。	作爲常平糴本，請自京召人供抵當賖買於本路，送納現錢。
神宗熙寧四年（1072）四月三日	三司紬絹百萬。	陝西四路經略司	《宋會要》，〈食貨〉三九之二三。	
神宗熙寧五年（1072）閏七月	度僧牒千道。	陝西轉運司	《長編》卷二三六，神宗熙寧五年閏七月乙卯條。	
神宗熙寧五年（1072）八月	司農寺緡錢二十萬緡，三司緡錢三十萬緡。	二十萬緡賜秦鳳路緣邊安撫司、三十萬緡賜鎮洮軍	《長編》卷二三七，神宗熙寧五年八月己巳條。	並爲常平本，計置糴邊儲。
神宗熙寧五年（1072）九月	江淮發運司銀十萬兩、絹十五萬匹。	陝西轉運司	《長編》卷二三八，神宗熙寧五年九月丙辰條。	計置鎮洮、通遠軍糧草。
神宗熙寧六年（1073）十一月二十六日	三司於永興、秦鳳二路每年封樁解鹽錢內借鈔百萬緡。	秦鳳等路轉運司	《宋會要》，〈食貨〉三九之二三、二四。	計置熙河糧草
神宗熙寧六年（1073）十一月二十七日	鹽鈔錢二十萬緡。	涇原路經略司	《宋會要》，〈食貨〉三九之二四。	
神宗熙寧六年（1073）十二月	度僧牒二千道。	秦鳳路轉運司	《長編》卷二四八，神宗熙寧六年十二月丙子條。	付都提舉市易司募人入錢。
神宗熙寧七年（1074）二月	鄜延路經略司封樁錢十萬緡。	鄜延路經略司	《長編》卷二五〇，神宗熙寧七年二月甲申條。	就河東近便州軍收糴軍儲，用駱駝轉至延州。
神宗熙寧七年（1074）九月	永興軍路折二錢二十萬緡。	秦鳳路轉運司	《長編》卷二五六，神宗熙寧七年九月辛酉條。	
神宗熙寧八年（1075）十月	銀十五萬兩。	秦鳳等路轉運司	《長編》卷二六九，神宗熙寧八年十月壬辰條。	市熙河糧草。
神宗熙寧八年（1075）十一月	永興軍路折二錢十萬緡。	熙河路	《長編》卷二七〇，神宗熙寧八年十一月辛未條。	
神宗熙寧八年（1075）十一月	交子本錢十萬緡。	永興、秦鳳等路轉運司。	《長編》卷二七〇，神宗熙寧八年十一月丙戌條。	

神宗熙寧八年（1075）十一月	三司銀二十萬兩	熙河路	《宋會要》，〈食貨〉三九之二四。	
神宗熙寧九年（1076）正月	秦鳳等路常平、坊場、免役剩錢十萬緡。	熙河路	《長編》卷二七二，神宗熙寧九年正月戊寅條。	
神宗熙寧九年（1076）二月二日	司農寺於秦鳳等路封樁銀絹、見錢內十萬貫。	秦鳳路轉運司	《宋會要》，〈食貨〉三九之二四、二五。	供熙河路糴買芻糧。
神宗熙寧九年（1076）二月六日	折二大錢二十萬貫。	秦鳳、永興路轉運司。	《宋會要》，〈食貨〉三九之二五。	一路各十萬貫。
神宗熙寧九年（1076）三月十七日	陝西交子本務已支買鈔錢五萬貫。	永興、秦鳳路轉運司。	《宋會要》，〈食貨〉三九之二五。	均賜二路。
神宗熙寧九年（1076）五月十八日	三司支銀絹、依市價折筭錢十五萬貫。	熙河路。	《宋會要》，〈食貨〉三九之二五。	
神宗熙寧九年（1076）五月十八日	陝西諸州未般交子本錢二十六萬二千餘貫。	永興、秦鳳兩路轉運司	《宋會要》，〈食貨〉三九之二五。	以鑄到新錢逐旋支充納換交子錢。
神宗熙寧九年（1076）七月二十四日	永興軍等路轉運司封樁末鹽等錢。	鄜延路	《宋會要》，〈食貨〉三九之二六	
神宗熙寧九年（1076）九月	市易司發錢三十萬緡。	鄜延、環慶兩路	《長編》卷二七七，神宗熙寧九年九月壬申條	於今次息錢除破。
神宗熙寧九年（1076）九月	市易司見入中四十萬緡，就支本路錢十萬緡。	秦鳳等路轉運司。	《長編》卷二七七，神宗熙寧九年九月戊寅條。	計買熙河糧草，於息錢內除破。
神宗熙寧十年（1077）八月	熙寧十一年分鹽鈔一百萬貫。	永興、秦鳳、熙河路。	《長編》二八四，神宗熙寧十年八月壬辰條。	永興、秦鳳路各借三十萬貫，熙河路借二十萬貫。
神宗熙寧十年（1077）九月	鄜延路經略司封樁錢二十一萬餘貫。	鄜延路經略司	《長編》卷二八四，神宗熙寧十年九月癸丑條	
神宗熙寧十年（1077）11月	錢六十萬貫。	陝西路轉運司	《長編》卷二八五，神宗熙寧十年十一月壬戌條。	
神宗元豐元年（1078）四月	鈔錢一百萬緡。	陝西	《長編》卷二八九，神宗元豐元年四月丁未條。	

神宗元豐元年（1078）八月五日	明年解鹽鈔五十萬緡。	陝西路都轉運司	《宋會要》，〈食貨〉三九之三〇。	
神宗元豐元年（1078）八月二十六日	錢二十萬緡。	鄜延路經略司	《宋會要》，〈食貨〉三九之三〇。	
神宗元豐元年（1078）九月十五日	提舉成都府等路茶場司撥錢五十萬緡。	環慶路經略司	《宋會要》，〈食貨〉三九之三〇。	《長編》卷二九二，神宗元豐元年九月丙戌條記載十萬緡賜環慶路，四十萬緡分賜秦鳳、涇原路。
神宗元豐元年（1078）九月十五日	解鹽鈔五十萬緡。	陝西路轉運司	《宋要會》，〈食貨〉三九之三〇。	
神宗元豐元年（1078）十二月十七日	陝西提舉鑄錢司支大銅錢十萬緡。	陝西路轉運司	《宋會要》，〈食貨〉三九之三〇。	
神宗元豐二年（1079）八月	三司錢十五萬緡。	鄜延路經略司	《長編》卷二九九，神宗元豐二年八月甲辰條。	
神宗元豐三年（1080）九月五日	茶場司錢三十萬緡	涇原路安撫司	《宋會要》，〈食貨〉三九之三二。	
神宗元豐三年（1080）閏九月二十三日	經制變運川陝路司農錢物己運至鳳翔府內支絹十萬匹，銀五萬兩。	涇原路經略安撫司	《宋會要》，〈食貨〉三九之三二。	
神宗元豐四年（1081）三月二日	熙河邊防財用司歲額錢三十萬緡。	河州	《長編》卷三一一，神宗元豐四年三月己丑條。	置場糴糧封樁
神宗元豐五年（1082）二月三日	茶場司錢四十萬緡。	秦鳳路經略司	《宋會要》，〈食貨〉三九之三三。	
神宗元豐五年（1082）五月二十八日	司農寺錢二百萬緡、內藏庫銀二十萬兩、鹽鈔二百萬緡。	陝西路轉運司	《宋會要》，〈食貨〉三九之三三。	
神宗元豐五年（1082）十月二十六日	內藏庫錢百萬緡。	熙河路	《宋會要》，〈食貨〉三九之三四。	

神宗元豐五年（1082）十月二十六日	尚書戶部右曹錢百萬緡。	鄜延路	《宋會要》，〈食貨〉三九之三四。	
神宗元豐五年（1082）十月二十六日	陝西諸司及封樁錢三百萬緡。	環慶、涇原、秦鳳三路	《宋會要》，〈食貨〉三九之三四。	
神宗元豐五年（1082）十二月二十三日	陝西封樁錢內支三百萬貫。	環慶、涇原、秦鳳三路	《宋會要》，〈食貨〉三九之三四。	
神宗元豐六年（1083）五月	京西提舉司錢二十五萬緡	蘭州	《長編》卷三三五，神宗元豐六年五月癸巳條。	
神宗元豐六年（1083）八月二十七日	度僧牒千道	涇原路經略司	《宋會要》，〈食貨〉五三之一三。	作爲常平錢。
神宗元豐六年（1083）九月七日	軍須錢內撥見錢一百萬貫。	鄜延、環慶、涇原、秦鳳路經略司，熙河蘭會路經略安撫制置司。	《宋會要》，〈食貨〉三九之三五。	五路各撥二十萬貫。
神宗元豐六年（1083）十一月	末鹽錢二十萬緡	陝西轉運司	《長編》卷三四一，神宗元豐六年十一月甲子條。	
神宗元豐七年（1084）正月十七日	尙書戶部支積剩錢百萬緡	熙河蘭會經略安撫司	《宋會要》，〈食貨〉三九之三五。	
神宗元豐七年（1084）五月六日	見錢鈔五十萬緡	鄜延路經略司	《宋會要》，〈食貨〉三九之三六、三七。	
神宗元豐七年（1084）八月七日	戶部常平積剩錢二十萬緡	秦州	《宋會要》，〈食貨〉五三之一三。	
神宗元豐七年（1084）八月十六日	戶部右曹錢六千萬	陝西	《玉海》卷一八六，〈食貨〉理財。	
神宗元豐七年（1084）八月二十九日	常平積剩錢五十萬緡	熙河蘭會路經制司	《宋會要》，〈食貨〉五三之一三。	
神宗元豐八年（1084）八月	戶部右曹錢六十萬貫。	鄜延路	《長編》卷三五九，神宗元豐八年八月丁丑條。	
哲宗元祐三年（1088）五月十六日	銀絹共四十萬	陝西路轉運司	《宋會要》，〈食貨〉三九之四○。	

哲宗紹聖元年（1094）八月二日	榷貨務末鹽錢四十萬貫	陝西路轉運司	《宋會要》，〈食貨〉四○之一。	令戶部給降解鹽引方式支付。
哲宗紹聖三年（1096）二月	元豐庫緡錢四百萬貫	陝西、河東	《宋史》卷十八，〈哲宗本紀〉。	
哲宗紹聖三年（1096）十月八日	內藏庫銀絹各二十萬	河東、涇原、熙河路	《宋會要》，〈食貨〉四○之二。	
哲宗紹聖四年（1097）九月五日	元豐庫封樁錢四百萬緡	陝西路轉運司	《宋會要》，〈食貨〉四○之二。	令戶部依例印給解鹽引支付。
哲宗元符三年（1100）八月七日	內藏庫銀絹二百萬	陝西路轉運司	《宋會要》，〈食貨〉四○之二。	徽宗即位未改元。

綜觀前表，市糴本錢略可分成三大類：

（1）爲本區自籌，包括轉用別司經費，支破封樁應付二種。如陝西交子務本錢，經制邊防財用司歲額錢、經略安撫制置司軍須錢等屬於前者，經略司封樁錢、轉運司封樁末鹽錢等則屬於後者。另外提舉鑄錢司所鑄造錢幣、都提舉市易司與都轉運司於本路協力興治銀銅坑冶所入亦爲糴本。〔註 77〕

（2）爲京師支撥。物色極多，如絹、錦綺、綾、羅、銀、緡錢、度牒等。其支撥方式有京師運入、本處封樁二種，前者以榷貨務、三司、左、內藏軍、元豐庫等爲主，後者有司農寺、三司於本路封樁錢物。仁宗時期內藏庫助糴占大部份，神宗時期則殊少見，惟以動用封樁錢物爲多，使得地方財政困窘。〔註 78〕徽宗時期糴本則爲度牒及東北鹽鈔。〔註 79〕

（3）爲外地支援。以四川地區爲主，例如：蜀地上供紬絹，提舉成都府等路茶場司緡錢，川陝路司農寺錢物等等。此外，尚有京西提舉司緡錢、江惟發運司銀緡。

3. 市糴方式。宋代市糴之法主要有三種，一爲和糴，以現錢給之，召取情願，不得抑勒。〔註 80〕但諸路往往均於民戶，頗有煩擾。〔註 81〕沿邊和糴

〔註 77〕《長編》卷二六○，神宗熙寧八年二月丁丑條。

〔註 78〕《長編》卷四三○，哲宗元祐四年七月丙申條；卷四六六，哲宗元祐六年九月甲寅條；馬端臨，前引書，卷二一，〈市糴二〉，頁考 207。

〔註 79〕岳珂，《愧郯錄》（四部叢刊續編，常熟瞿氏鐵琴銅劍樓藏宋本，臺北，臺灣商務印書館，民國 65 年 6 月台二版），卷九，〈歲降度牒〉，頁 12315。

〔註 80〕《長編》卷三八五，哲宗元祐元年八月乙未條。

則採行一分現錢，九分西鈔變通辦法。〔註 82〕二爲博糴，以銀絹絲紬之類糴買斛斗，多用在錢重物輕時，以平物價。〔註 83〕三爲便糴，以鈔引召募糴買。〔註 84〕一般官員皆貪數入便，不用心趨時和、博糴，以致過時卻就高價便糴，造成便糴數多，和、博糴數少浪費情況。〔註 85〕

上述之外，還有推置、對糴、結糴、寄糴、俵糴、均糴、兌糴、括糴等方式。推置爲州括民家所積，量市之；對糴則爲斛酌上戶輸租而均糴之，皆非常制。〔註 86〕結糴是將錢物借貸商賈，後連利息在內收納糧斛；俵糴是豫貸農民錢物，設限催科，收成之際，以時價輸粟；寄糴是將官糧貸給內郡農民，到期連利息在內收糴斗；兌糴則是歲豐之際，及時收糴，後價格與糴本相當，准許融通變轉糴本兌現，凡此措施皆針對吸收農民過剩穀物目的而設計。均、勸糴出現在徽宗一朝，均糴爲攤定一地合糴數額，根據百姓田土、資產、役錢文簿等爲準，均於遂戶；勸糴即是在凶年和糴於民，此時市糴政策採取強制手段，以應付國內外軍事危機所造成糧糈需要。〔註 87〕總之，除推置、對糴之外，其餘皆出現於神宗熙豐以後，主要是兩稅支移，饋運不便，所獲不多；入中邊糧有低價估貨，高價入粟虛估之弊，所以糴之於民，而強敷其數或均數之，量蓄積括索之，不償其值，其爲民病。〔註 88〕

4. 市糴效果。司馬光對市糴之法有精闢分析檢討，認爲效果不宏，乃由於下列四點弊端：一爲州縣闕乏糴本，遇豐歲無錢收糴。二爲主事官吏消極怠慢，厭糶糴之煩，不願收糴。三爲爲官府不知實價，任由行人與停塌之家勾結作弊；收成之初，農夫急糶要錢，故意低估價例，官中收糴不果，盡入停塌之家，直至過時之後，停塌之家始頓添價例中糴入官，厚利皆歸其有。四爲官府欲趁時收糴，但需層層申請，動輒數月，坐失良機。〔註 89〕除此之外，官吏不臧，循徇私意，公受請託、儹換變轉、故損糴價、詭名借本、停

〔註 81〕《宋會要》，〈食貨〉三九之七。
〔註 82〕《長編》卷二五七，神宗熙寧七年十月己丑條。
〔註 83〕馬端臨，前引書，卷二一，市糴二，頁考 208。
〔註 84〕《宋會要》，〈食貨〉四一之一。
〔註 85〕《宋會要》，〈食貨〉三九之一三、一四。
〔註 86〕馬端臨，前引書，卷二一，〈市糴二〉，頁考 207。
〔註 87〕斯波義信，〈宋代市糴制度の沿革〉，收入《青山定雄教授古稀紀念：宋代史論叢》（東京，省心書房，1974 年 9 月 25 日發行），頁 135、136。
〔註 88〕馬端臨，前引書，卷二一，〈市糴二〉，頁考 208。
〔註 89〕《長編》卷三八四，哲宗元祐元年八月丁亥條。

塌入官、抑勒軍兵賤買等等；嚴重打擊市糴之事。〔註 90〕所收糴穀物多雜有糠粃灰土粗惡斛斗。〔註 91〕

（四）樁管搬運。神、哲宗二朝用度寖廣，多行封樁之制，圖謀解決。蘇軾嘗乞將其州見管封樁陝西軍兵請受及禁軍闕額粳米三千七百餘石，小麥三萬三千餘石，菉豆二千一百餘石，粟米三百餘石，豌豆五千一百餘石出糴，賑濟流民。〔註 92〕顯示樁管是應付陝西糧糈需求方法之一。依地域而言，有本處封樁及外地樁運之分；外地樁運又可分成封樁糧草運致與運錢帛至本區，折博斛糧，再行封樁二種；就物色而言，有樁管糴本，以備購糧，或樁管糧草，以供急需。例如：嘗歲減江淮漕米二百萬石，委發運司於東南六路變易輕貨二百萬緡，轉致三路封樁，〔註 93〕屬於外地樁運糴本。川陝路司農物帛運至陝西，折博糧斛，於緣邊州郡樁管，〔註 94〕為運致出賣折博，再行封樁糧斛。眞宗咸平年間嘗將嚴信、咸陽、定武、渭橋等倉見管七十九萬餘石諸色斛斗輦送緣邊，則屬本處封樁糧斛。〔註 95〕

除以上所述四種途徑之外，尚有鼓勵沿邊屯田，企求自給自足，以紓闕糧之憂。北宋陝西路沿邊屯田大致上可分成二種類型，一為弓箭手，二為營、屯田。

1. 弓箭手是一種鄉兵，為曹瑋所創，應募邊民者，給以閑田，蠲其徭賦，有事時，參正兵為前鋒；無事時，耕種官田，教授武技，相團置堡，為國藩離；給田二頃者，出甲士一人，三頃者，出戰馬一匹，有漢、蕃之分。〔註 96〕另嘗籍沿邊佃戶為弓箭手，〔註 97〕由提舉弓箭手主其事。〔註 98〕此制與堡寨設置相結合，成為北宋沿邊重要武力之一。

弓箭手田地來源甚廣，有新闢堡寨，〔註 99〕漢蕃戶獻納，〔註 100〕官吏職

〔註 90〕《宋會要》，〈食貨〉四〇之八。
〔註 91〕《宋會要》，〈食貨〉四〇之九。
〔註 92〕蘇軾，《東坡七集》（四部備要，匋齋校刊本，台北，臺灣中華書局，民國 54 年 11 月台一版），政府奏議卷一〇，〈乞賜度牒糴斛㪷準備賑濟淮浙流民狀〉，頁 8。
〔註 93〕《宋會要》，〈食貨〉三九之二二、二三。
〔註 94〕《宋會要》，〈食貨〉四三之二。
〔註 95〕《宋會要》，〈食貨〉二三之二七。
〔註 96〕《宋史》卷一九〇，〈兵四〉，頁 4712。
〔註 97〕《長編》卷二六七，神宗熙寧八年八月壬寅條。
〔註 98〕《宋史》卷一六七，〈職官七〉，頁 3972。
〔註 99〕《宋會要》，〈兵〉四之一〇。
〔註 100〕《宋會要》，〈兵〉四之九。

田及空閑地，〔註 101〕收買蕃部田土，〔註 102〕根括違法冒耕田土，〔註 103〕廢置營田，〔註 104〕將帥自捐圭田等等。〔註 105〕然墾田由於受下列因素影響，效果不著。

（1）弓箭手本蠲免租稅，意爲「彼得其地以力耕，而無租稅之憂，我得其人以捍寇，而省養兵之費。」〔註 106〕然地方上除防托、巡警及緩急邊事許差發外，常擅自科配、和雇、〔註 107〕支移、折變、弓箭手不堪其擾，紛紛棄田而逃。〔註 108〕

（2）召募弓箭手多爲浮浪闕食之人，唯得借貸種糧、牛具等錢，隨即逃亡，徽宗建中靖國元年（1101）鄜延路所招之人計六千九百五十一，已逃亡二千八十八人，遂使地利未闢，財用亦失多矣。〔註 109〕

（3）夏人出兵撓耕，沿邊弓箭手不敢耕種。〔註 110〕秋成時，又恐其剽掠。〔註 111〕加上每當夏人入侵，宋廷採取堅壁清野之策，催收人口牲畜入城郭，苟一歲數至，妨害農事，損失不貲。〔註 112〕

（4）新復城業，地處極邊，少有弓箭手應募。〔註 113〕近裏州軍弓箭手土地兼併激烈，常典買蕃部地土，或假籍蕃漢合種之名，行侵欺吞沒之實。〔註 114〕州縣鎮寨污吏豪民冒占沃壤，且沿舊侵占新土，利不及民。〔註 115〕甚至侵展生界，別生邊事。〔註 116〕儘管如此，弓箭手依然扮演重要角色，徽宗政和年間措置出賣官田，仍將弓箭手田地存留，即可想見一斑。

〔註 101〕《宋會要》，〈兵〉四之六、八、九。
〔註 102〕《宋會要》，〈兵〉四之六。
〔註 103〕王稱，前引書，卷八二，〈蔡挺列傳〉，頁 1252；《宋會要》，〈兵〉四之一四。
〔註 104〕杜大珪，前引書，《中集》，卷八，〈王文安公堯臣墓誌銘〉，頁 546。
〔註 105〕楊時，《龜山集》（珍本四集，臺北，臺灣商務印書館，民國 62 年），卷三三，〈錢忠定公墓誌銘〉，頁 16。
〔註 106〕《長編》卷三九七，哲宗元祐二年三月辛巳條。
〔註 107〕馬端臨，前引書，卷一五八，〈兵八〉，頁考 1385。
〔註 108〕《宋會要》，〈食貨〉二之五。
〔註 109〕趙汝愚，前引書，卷一四〇，范純粹，〈上徽宗論進築非便〉，頁 18。
〔註 110〕《宋會要》，〈食貨〉一之三〇。
〔註 111〕《宋會要》，〈兵〉二七之一七。
〔註 112〕《長編》卷四六九，哲宗元祐七年正月辛亥條。
〔註 113〕《宋會要》，〈食貨〉二之六。
〔註 114〕《宋會要》，〈兵〉二七之二三、二四。
〔註 115〕《宋史》卷一四三，〈兵四〉，頁 4717。
〔註 116〕《宋會要》，〈食貨〉二之六。

2. 營、屯田。宋朝營、屯田性質相似，初期屯田以兵耕，營田募民耕，兩者後漸不限兵民，皆取給用，〔註117〕僅是營田分散各州縣；屯田多在邊郡之別。太祖年間初行於河北東、西路，除省轉粟之費外，又可限戎馬。〔註118〕眞宗咸平年間陝西轉運使到劉綜於鎭戎軍四面置屯田務。〔註119〕仁宗慶曆元年（1041）鑒於所入稅賦、內庫所出及留兩川上供金帛不可勝計，邊儲猶未備，陝西路轉運司遂置營田務，以助邊費。〔註120〕當時營、屯田遍及境內各角落，如京兆府興平縣四馬務營田，〔註121〕同州沙苑監放牧地變爲營田。〔註122〕並且詔轉運使兼營田使，轉運判官兼管營田事。〔註123〕神宗熙寧年間嘗以未募弓箭手地、〔註124〕弓箭手單丁所耕種不盡閑田、〔註125〕新復土地〔註126〕等置營、屯田。徽宗大觀年間，還將西寧、湟、廓三州良田沃土並給蕃部、量立租課，責期限以輸。〔註127〕

營、屯田初差廂軍耕種，一人一頃，每五十頃爲一營。〔註128〕官置牛具、農器。〔註129〕由於宋代兵農分離，廂軍耕種技術差劣，東南諸路廂軍不會耕種陸田，更不耐田野寒凍，多生疾病。〔註130〕遂召募民夫耕種，官收租課。〔註131〕有司不恤民力，將遠年瘠薄無人佃逃田抑勒近鄰人戶耕種，每畝徵收數斗，遠超過承佃官莊一、二斗之租，民力勞弊。〔註132〕另有民戶占佃，簿籍亡散，不復歸於有司之情形。〔註133〕徽宗措置出賣官田，只將沿邊三路事

〔註117〕馬端臨，前引書，卷七，〈田賦七〉，頁考76、77。
〔註118〕馬端臨，前引書，卷七，〈田賦七〉，頁考75。
〔註119〕同前註。
〔註120〕《宋會要》，〈食貨〉六三之七二。
〔註121〕宋敏求，《長安志》，卷一四，頁82。
〔註122〕《宋會要》，〈食貨〉二之三。
〔註123〕同前註。
〔註124〕《長編》輯《永樂大典》卷一二五〇六，神宗熙寧八年閏四月乙未條。
〔註125〕《宋會要》，〈食貨〉六三之四七。
〔註126〕《宋會要》，〈食貨〉二之五、六。
〔註127〕《宋會要》，〈食貨〉六三之五〇。
〔註128〕《宋會要》，〈食貨〉二之五、六。
〔註129〕《宋會要》，〈食貨〉六三之四七。
〔註130〕《宋會要》，〈食貨〉二之六。
〔註131〕《宋會要》，〈食貨〉一之三二。
〔註132〕范仲淹，前引書，政府奏議上，〈奏乞罷陝西近裏州軍營田〉，頁183、184。
〔註133〕宋敏求，《長安志》，卷十四，頁82。

關邊防利害之處存留，〔註134〕顯見營、屯田效果不佳。

第二節　解　鹽

一、解鹽生產概況

解鹽產於本區解州解縣（山西解縣）、安邑（山西安邑縣）兩鹽池，位於中條山北方，四高中下之地。東西五十里，南北七十里。〔註135〕生產方法爲「墾地爲畦，引池水沃之，謂之種鹽，水耗則成鹽。」〔註136〕每歲二月一日整地墾畦，四月引池水種鹽，至八月乃罷。〔註137〕造鹽時，須引貯水深三寸，經三月始得結鹽。〔註138〕若引濁水入滷中，則淤澱鹵脉，鹽遂不成。〔註139〕亦需南風（鹽風）配合，否則亦不成鹽。〔註140〕所生產之鹽稱之「顆鹽」。

政府籍解州及附近之民種鹽，謂之畦戶，每戶歲出二夫，謂之畦夫，每日供給一夫米二升，一年給每戶錢四萬文，悉蠲他役。〔註141〕後嘗減半數畦戶，稍以傭夫（雇傭人夫）代之。〔註142〕另募兵士巡邏守衛鹽池，目爲護寶。〔註143〕

解州鹽池鹵色正赤，俗稱「蚩尤血」，〔註144〕蘊藏豐富，太宗至道二年（996）得鹽三十七萬三千五百四十五席，一席爲一百一十六斤半，約計八七〇、三六〇石〔註145〕眞宗大中祥符九年（1016）兩池見貯鹽三億八千八百八十二萬八千九百二十八斤，約計七、七七六、五七八石，〔註146〕是至道二年產量九倍弱。仁宗天聖八年（1030）歲產一、二五六、四二九石，〔註147〕景祐元年（1034）

〔註134〕《宋會要》，〈食貨〉一之三二。
〔註135〕《宋會要》，〈食貨〉二四之三八。
〔註136〕《宋史》卷一八一，〈食貨下三〉，頁441。
〔註137〕同前註。
〔註138〕樂史，前引書，卷四六，頁376。
〔註139〕沈括，前引書，卷三，考證一，頁12601。
〔註140〕章俊卿，前引書，後集卷五七，〈再攷本朝鹽產地條〉，頁3176。
〔註141〕《長編》卷九七，眞宗天禧五年十二月條。
〔註142〕馬端臨，前引書，卷十六，〈征榷三〉，頁考159。
〔註143〕馬端臨，前引書，卷十五，〈征榷二〉，頁考154。
〔註144〕沈括，前引書，卷三，考證一，頁12601。
〔註145〕《宋史》卷一八一，〈食貨下三〉，頁4414。
〔註146〕《長編》卷八六，眞宗大中祥符九年四月丁亥條。
〔註147〕《長編》卷一〇九，仁宗天聖八年十月壬辰條。

因解州鹽池見管鹽貨可供十年支遣，暫停生產二年。〔註148〕此後至哲宗元祐元年（1086）解鹽產量一直維持在一百萬石以上，〔註149〕元符元年（1098）解池

〔註148〕《宋會要》，〈食貨〉二三之三七。

〔註149〕河上光一，〈宋代解鹽の生產額について〉（《東方學》五〇輯，1975年7月出版），頁11、12。

宋代解鹽生產額推算表：

年號	西曆	生產額
太宗至道二年	996	三七三、五四五席（八七〇、三六〇石）
眞宗景德～大中祥符	1004～1016	五四〇、〇〇〇席（一、二五八、二〇〇石）
仁宗天聖八年	1030	六五五、一二〇席（一、五二六、四二六石）
天聖九年～明道二年	1031～1033	八〇〇席（一、八六四石）
景祐二年	1035	（生產停止）
慶曆六年	1046	四五〇、〇〇、〇〇席（一、〇四八、五〇〇石）
慶曆七年	1047	六〇〇、〇〇〇席（一、三九八、〇〇〇石）
慶曆八年	1048	七〇八、二〇六席（一、六五〇、一二〇石）
皇祐三年	1051	六七〇、〇〇〇席（一、五六一、一〇〇石）
皇祐四年	1052	六六〇、〇〇〇席（一、五三七、八〇〇石）
皇祐五年	1053	五四〇、〇〇〇席（一、二五八、二〇〇石）
至和元年	1054	五一〇、〇〇〇席（一、一八八、三〇〇石）
嘉祐中	1056～1063	五〇〇、〇〇〇席（一、一六五、〇〇〇石）
英宗治平二年	1065	五一〇、〇〇〇席（一、一八八、三〇〇石）
神宗熙寧十年	1077	七〇〇、〇〇〇席（一、六三一、〇〇〇石）
元豐二年	1079	七三七、〇〇〇席（一、七一七、二一〇石）
哲宗元祐元年	1086	六一〇、〇〇〇席（一、四二一、三〇〇石）
元符元年～崇寧四年	1098～1105	解池被水
徽宗大觀元年	1107	六五五、二九一席（一、五二六、八二八石）
大觀二年	1108	七一二、〇一〇席（一、六五八、九八三石）
大觀三年	1109	六六一、六九〇席（一、五四一、七三八石）
政和元年	1111	增產

被水，停止生產。〔註 150〕至徽宗崇寧四年（1105）始恢復生產。〔註 151〕大觀二、三年（1108、1109）分別種收新鹽三十八萬一千五百八十八席二十二斤（一、六五八、九八三石，此處席是指大席二二〇斤爲單位，下同）、三十五萬三百九十四席一百七十六斤（一、五四一、七三八石），〔註 152〕恢復昔日盛況。

二、解鹽運銷制度

宋鹽運輸制度略分官賣、通商二種，細分有四種，一爲民（官）製、官收、官運、官銷，二爲民（官）製、官收、商運、商銷，三爲民製、官收、官運、商銷，四爲民製、商收、商運、商銷。〔註 153〕

解鹽採取官賣、通商二種制度並行。官賣地域（禁榷地）有本州、三京（東、西、南京），京東兗、鄆、曹、濟、濮、單州、廣濟軍、京西滑、鄭、潁、陳、汝、許、孟州、陝西河中府、陝、虢州、慶成軍、河東晉、絳、隰州、淮南之宿、亳州、河北懷、衛及澶州在黃河之南諸縣等二十八府州軍，由官役鄉戶衙前及民戶水陸漕運，稱爲「帖頭」，禁人私販。通商地域（行鹽地）有京西襄、鄧、蔡、隨、唐、金、商、房、均、郢州、光化、信陽軍、陝西京兆、鳳翔府、同、華、耀、乾、商、原、邠、寧、儀、渭、鄜、坊、丹、延、環、慶、秦、隴、鳳、階、成州、保安、鎮戎軍、河北澶州在黃河之北諸縣等三十七府州軍。商賈鬻賣，官收其筭，沿邊秦、延、環、慶、渭、原州、保安、鎮戎軍九處，又募人入中邊糧，以鹽償之。禁榷地解鹽稱爲東鹽，行鹽地中京西者，稱爲南鹽，陝西者則稱西鹽。各有經界，不得侵越。〔註 154〕行銷範圍囊括北方大半區域，十分廣濶，但地區劃分，並非一成不變，例如：仁宗康定年間京東、淮南等八州改食淮鹽。〔註 155〕當時官運官銷地區有五弊，一爲官伐木造船輦運，兵民不堪其擾，二爲帖頭、車戶困於轉輸、紛紛逋逃，三爲船運有沉溺之患，綱吏侵盜、損失不貲，四爲富家多藏鏹不出，通貨緊縮，民用益蹙，五爲鹽官、兵卒、畦夫傭作之給負擔沉重。

〔註 150〕《長編》卷五〇三，哲宗元符元年十月乙亥條。
〔註 151〕《宋史》卷一八一，〈食貨下三〉，頁 4424。
〔註 152〕楊仲良，前引書，卷一三七，頁 4149。
〔註 153〕戴裔煊，《宋代鈔鹽制度研究》（台北、華世出版社，民國 71 年 9 月台一版），頁 56、57。
〔註 154〕《長編》卷一〇九，仁宗天聖八年十月壬辰條。
〔註 155〕《宋史》卷一八一，〈食貨下三〉，頁 4416。

〔註 156〕仁宗天聖八年（1030）十月詔罷榷法，聽商賈入錢，受鹽兩池，後因歲課耗減，又復舊法。〔註 157〕

寶元、康定年間，西事告急，財用闕乏，入中軍需物資，以池鹽償之，虛費鹽數，不可勝計，鹽值益賤，無人問津，復將永興、同、華、耀、河中、陝、虢、解、晉、絳、慶成十一州軍改爲禁榷地，官自輦自銷、又禁解鹽私入蜀地，於永興、鳳翔府置折博務。聽人入錢，易鹽赴四川鬻售，但兵民困於輦運，州郡騷然，所得不敷急需。〔註 158〕慶曆八年（1048）范祥推行鈔鹽法，乃針對當時需求及弊端而設計。主要內容有三端：

1. 取消禁鹽地，一切開放通商、以紓官搬官賣、輦運勞民之苦，亦准許食鹽入蜀地販鬻。
2. 緣邊九州軍入中芻粟，改令入實錢，以池鹽償之，得緡錢可以和糴，以解入中虛估過高，耗費官鹽之弊。
3. 延、慶、環、渭、原州、保安、鎮戎、德順軍等近烏、白池、青白鹽私入塞侵利亂法，召人入中池鹽，予券優估，復以池鹽償之，所入之鹽由官自鬻，百姓不得私售，峻青白鹽之禁，以遏青鹽入塞，解鹽滯銷之禍。〔註 159〕

其時商賈就邊郡入錢四貫八百文，售一鈔，至解池請鹽二百斤。又在京師設置都鹽院，以平鹽價，陝西路轉運司自遣官員負責，京師食鹽一斤不足三十五文錢，即斂而不發，以抬鹽價，超過四十文錢，則發庫鹽以抑鹽價。〔註 160〕鈔鹽法推行之後，效果不錯，皇祐元、二年（1049、1050）共收入二百八十九萬一千緡，比舊法增加五十一萬六千緡。〔註 161〕三年（1051）入二百二十一萬緡、四年（1052）二百十五萬緡，比慶曆六、七年（1046、1047）分別增加六十八萬、二十萬緡、皇祐五年（1053）一百七十八萬緡，至和元年（1054）一百六十九萬緡，京師榷貨務於慶曆二、六年（1042、1046）分別歲出六百四十七萬、四百八十萬緡，以助邊計，自范祥推行鈔鹽法，皇

〔註 156〕《長編》卷一〇九，仁宗天聖八年十月壬辰條。
〔註 157〕《宋史》卷一八一，〈食貨下三〉，頁 4416。
〔註 158〕同前註。
〔註 159〕《長編》卷一六五，仁宗慶曆八年十月丁亥條。
〔註 160〕沈括，前引書，卷一一，〈官政〉，頁 12645。
〔註 161〕《長編》卷一七一，仁宗皇祐三年十月己卯條；包拯，前引書，卷三，〈再舉范祥議〉，頁 36。

祐四年（1052）榷貨務不復出錢；其後雖贏縮不常，量入計出，仍可助邊費十之八。至和元年（1054）范祥坐罪貶職，李參代之，復令入中芻粟以代實錢，虛估之弊叢生，官課減損甚鉅，嘉祐三年（1058）范祥復出，重禁入中芻糧，嘉祐三年以前的鈔券，每一別輸錢一貫，始以予鹽，京師準備二十萬貫調節鹽鈔價格，鹽價低賤，政府搜購鈔券，以抬鹽價。〔註 162〕

范祥卒後，薛向繼主其事，罷州縣征收鹽課，以卸商賈重擔，減沿邊八州軍鬻鹽價，以制青鹽走私，減輕兩池畦夫歲役，改三歲一代，蠲除其積逋課鹽之半，以積鹽數多，罷種鹽一至三歲，又雇傭夫稍代畦戶，以寬民力。於永興軍置賣鹽場，初諸十萬緡充買鹽鈔本錢，後繼增二十萬緡，以調節鹽鈔價量。〔註 163〕但其以羨鹽之値市馬，〔註 164〕支副日廣，鈔鹽制度遂壞。

神宗期間西方用兵，供億日多，用度不足，政府冀鹽鈔補之，多出虛鈔，鈔值日賤，形成一種惡性循環。熙寧六年（1073）陝西沿邊入納錢五百二十三萬餘緡，給鹽鈔九十萬二千七百一十六席，而民間實用四十二萬八千六百一席，政府無見錢糴買，只得以鈔折兌糧草。〔註 165〕熙寧十年（1077）整理鈔法，主要辦法有二：一爲收買舊鈔，東南舊法鹽鈔一席無過三千五百，西鹽鈔一席無過二千五百，盡行收買，由於省司缺乏見錢，三分支還見錢，七分依沿邊入中鈔價細算合支價錢數目，給與新引，令於解池請領解鹽。〔註 166〕二爲行舊鹽貼納法。已請出鹽，許商賈自陳，東南鹽一席貼納錢二千五百，西鹽一席貼納錢三千，與換公據，立期出賣。〔註 167〕歲入以二百三十萬爲定額。〔註 168〕元豐二年（1079）解鹽不分東西，增西鹽之價，與東鹽相等，聽任便買賣，解鹽鈔額增二百四十二萬。〔註 169〕雖力挽狂瀾，虛鈔仍多，熙寧十年至元豐三年（1077～1080）共印給一百七十七萬二千餘席。只出一百一十七萬五千餘席，尙有五十九萬餘席，流布官私，〔註 170〕終不能救鹽鈔法之弊。〔註 171〕

〔註 162〕《長編》卷一八七，仁宗嘉祐三年七月壬辰條。
〔註 163〕《宋史》卷一八一，〈食貨下三〉，頁 4419。
〔註 164〕《宋史》卷三二八，〈薛向列傳〉，頁 10586。
〔註 165〕《長編》卷二五四，神宗熙寧七年六月壬辰條。
〔註 166〕《宋會要》，〈食貨〉二四之一六。
〔註 167〕《宋會要》，〈食貨〉二四之一三。
〔註 168〕《宋會要》，〈食貨〉二四之一五。
〔註 169〕《宋會要》，〈食貨〉二四之一八。
〔註 170〕《宋會要》，〈食貨〉二四之二〇、二一。
〔註 171〕《宋會要》，〈食貨〉二四之一七。

哲宗繼立後，確立解鹽鈔歲領二百萬緡，〔註 172〕以杜絕濫發之弊，陝西沿邊八州軍鬻鹽恢復范祥募人入中舊制，〔註 173〕另外，復置京師都鹽院買賣鈔鹽之法，將商賈沿邊入中解鹽，於年額賣鹽錢數內提撥二萬七千餘貫，作爲在京買鈔本錢。〔註 174〕其時陝西鐵錢輕濫，鈔價昂貴，〔註 175〕但關陝地區每鈔一席值十貫，至西京僅值六貫；或就解池請鹽，約爲十二貫，至西京止賣七貫左右，〔註 176〕顯示鹽、鈔價格因地而漲落無常。元符元年（1098）解池被水，不能種鹽，解鹽通行地分准許通行河北、京東鹽，陝西路又通行河中府、解州諸小池鹽、同、華等州私土鹽、階州石鹽、通遠軍、岷州官井監鹽。〔註 177〕以解鹽爲基礎的鈔鹽制度改變，東南末鹽亦行通商鈔法。

徽宗一朝，蔡京用事，解池既壞，無鹽支鈔，遂於榷貨務置買鈔所，別以他物折博，有末鹽、乳香、茶鈔、東北一分鹽鈔、官告、度牒、雜物等。換易比率五分末鹽鈔、五分雜物。若舊鈔止聽回易末鹽、官告，支給末鹽鈔及自般請鹽，需用三分舊鈔配搭七分新鈔支請。〔註 178〕又有「貼納」、「對帶」、「循環」，〔註 179〕瞬息紛更，造成「朝爲豪商，夕儕流丐，赴水投環而死者」慘狀。〔註 180〕舊法積鹽於解池，積錢於京師榷貨務，積鈔於陝西邊沿諸郡，三者相互配合濟用，商人於沿邊入中芻糧，得鈔逕自解池請鹽販鬻，或請錢於京師，官商俱便，而至蔡京一變，商人先赴京師輸錢請鈔，再到鹽池請鹽，將天下之錢盡括入京師，以進羨邀寵，鈔法大壞，商賈不行，邊儲失備。〔註 181〕迄於北宋亡國爲止。

〔註 172〕《宋會要》，〈食貨〉二四之二八。
〔註 173〕《宋會要》，〈食貨〉二四之二七、二八。
〔註 174〕《宋會要》，〈食貨〉二四之二八。
〔註 175〕《宋會要》，〈食貨〉二四之三〇。
〔註 176〕劉安世，《盡言集》（四庫全書珍本六集，臺北，臺灣商務印書館，民國 65 年），卷八，〈論陝西鹽鈔鐵錢之弊〉，頁 17～19。
〔註 177〕《宋會要》，〈食貨〉二四之三二。
〔註 178〕《宋史》卷一八二，〈食貨下四〉，頁 4445。
〔註 179〕《宋史》卷一八一，〈食貨下三〉，頁 4425；卷一八二，〈食貨下四〉，頁 4445；馬端臨，前引書，卷十六，〈征榷三〉，頁考 161、162。「貼納」即貼輸見錢之法，陝西舊鈔折易東南末鹽，每百緡用三分見錢，七分舊鈔。「對帶」即帶行舊鈔之法，換給新鈔，仍帶舊鈔數分，貼輸現緡四分者帶五分，五分者帶六分。「循環」即已賣鈔未授鹽，復更鈔；已更鈔，鹽未給，復輸錢；前後凡三輸錢，始獲一值之貨。
〔註 180〕馬端臨，前引書，卷十六，〈征榷三〉，頁考 162。
〔註 181〕馬端臨，前引書，卷十六，〈征榷三〉，頁考 161。

三、解鹽在陝西路重要性

解鹽對於北宋國計民生影響深遠，宋代朝臣議論鹽事最多者殆爲解鹽。〔註 182〕《宋史》〈食貨志〉鹽法首論解鹽，絕非偶然。其對陝西路重要性有二。

（一）軍事方面，以解鹽對抗西夏青白鹽，成爲制夷工具。太宗淳化年間鄭文寶以李繼遷叛逆，請禁青白鹽，冀困西賊，許商人販鬻解鹽，以資國用。〔註 183〕此後宋廷遵循此精神，未嘗變易。河北地區始終未榷鹽，表面理由爲已均於兩稅，〔註 184〕實際上爲近於遼境，懼貽邊禍。〔註 185〕解鹽則不然，一再禁榷，係與困西賊、資國用政策有關。范祥變鹽法，也在沿邊州軍行禁榷之法，由政府召募商人入中，所得之鹽一律官鬻，民間不得私販。解鹽有東、西鹽之分，〔註 186〕西鹽價格比東鹽低，〔註 187〕後增西鹽鈔價與東鹽相等，〔註 188〕西鹽地分爲陝西近裏、次、沿邊諸軍，多少含奪青白鹽之利作用。〔註 189〕

（二）財政方面，鈔鹽是一種以解鹽應付入中芻糧的制度，陝西軍興，戰事迭作，罷戍無期，支費浩瀚，政府只得利用本區豐富解鹽應急，爲了擴大利藪，嘗禁止東川剩鹽運入闕鹽西川成都府地區，〔註 190〕甚至欲封閉西蜀鹽井，運解鹽以足之，〔註 191〕可見宋廷重視解鹽在財政上收益，不惜犧牲一方之民。另一方面，由於解鹽爲資國用，使得鹽政無法走上正軌，照顧百姓利益，誠爲無奈之事。

第三節　其他商業活動

本區除了上述糧糈、解鹽主要商業活動之外，尚有榷酤、竹木、布帛等，或爲本身所無，需自外地輸入，或爲本地所出，運銷外地者，亦是本區商業

〔註 182〕呂祖謙，《歷代制度詳說》（四庫全書珍本三集，臺北，臺灣商務印書館，民國 61 年），卷五，〈鹽法〉，頁 11。
〔註 183〕《宋史》卷二七七，〈鄭文寶列傳〉，頁 9426。
〔註 184〕呂中，前引書，卷一一，〈寬鹽禁〉，頁 5。
〔註 185〕《長編》卷一五九，仁宗慶曆六年十一月戊子條。
〔註 186〕《宋會要》，〈食貨〉二四之一七、一八。
〔註 187〕《宋會要》，〈食貨〉二三之九。
〔註 188〕《宋會要》，〈食貨〉二四之一七、一八。
〔註 189〕《長編》卷二八〇，神宗熙寧十年二月戊申報。
〔註 190〕《長編》卷二七九，神宗熙寧九年十一月己卯條。
〔註 191〕《長編》卷二五五，神宗熙寧七年八月丙戌條。

活動中重要一環。

一、榷　酤

宋代行酤榷之制，專擅其利，以助國計。太祖建隆二年（961）規定百姓私造麴十五斤或釀酒入城市三斗者死。〔註 192〕陝西路屯戍甚廣，〈兵〉費浩繁，十分重視酤利，眞宗咸平五年（1002）曾加強榷酤，歲增二十五萬緡錢，以濟邊用。〔註 193〕本區鳳翔、河中府、陝、華、邠、慶、同州等處爲著名產酒之地，〔註 194〕《宋會要輯稿》〈食貨〉十九之六至九有永興軍、秦鳳二路酒麴舊額及神宗熙寧十年（1077）定額記載，茲將其列表示之。

表十四：陝西路府州軍監酒麴舊額及神宗熙寧十年（1077）定額統計表

路名	府州軍監名	務數	舊額	多寡順序	熙寧十年數額			多寡順序
					祖額	買撲	合計	
永興軍路	京兆府	23	287,641	2	266,633	24,912	291,545	1
	河中府	7	83,711	15	13,699	39,237	52,936	19
	陝州	15	75,593	17	41,802	15,509	57,311	16
	延州	12	271,460	3	93,603	6,696	100,299	6
	同州	11	82,779	16	67,057	11,750	78,807	12
	華州	10	104,371	8	81,273	11,152	92,425	8
	耀州	5	84,342	14	69,559	16,912	86,471	10
	邠州	5	91,113	11	72,907	6,056	78,963	11
	鄜州	6	121,674	7	46,279	1,885	48,164	20
	解州	4	36,188	26	40,681	5,233	45,914	21
	慶州	13	160,341	6	95,369	8,029	103,398	5
	虢州	6	36,385	25	39,518	3,315	42,833	23
	商州	8	45,807	22	42,049	2,199	44,248	22
	寧州	8	61,315	19	58,633	1,991	60,624	15
	坊州	4	43,239	23	35,033	1,603	36,636	28
	丹州	3	15,303	28	10,716	626	11,342	32
	環州	25	72,654	18	36,255	4,988	41,243	24
	保安軍	2	69,642	19	29,796	2,715	32,511	29

〔註 192〕《宋會要》，〈食貨〉二〇之一。

〔註 193〕《長編》卷五三，眞宗咸平五年十一月癸巳條。

〔註 194〕朱弁，前引書，卷七，頁 1675～1676。

秦鳳路	鳳翔府	25	231,788	5	173,443	112,992	196,435	3
	秦　州	18	340,660	1	213,693	9,979	223,672	2
	涇　州	6	93,132	10	59,446	6,768	66,214	14
	熙　州	1	未置		26,400	1,028	27,428	31
	隴　州	10	84,621	13	66,068	12,216	78,284	13
	成　州	3	29,446	27	37,967	1,598	39,565	27
	鳳　州	5	48,628	21	51,168	4,903	56,071	17
	岷　州		未置		40,336		40,336	25
	渭　州	13	238,394	4	133,520	7,065	140,585	4
	原　州	11	數字不詳，不予列入		50,167	4,887	55,054	18
	階　州	6	57,367	20	26,783	4,767	31,550	30
	河　州		未置		未立額	未立額		
秦鳳路	鎮戎軍	6	102,441	9	20,226	19,756	39,982	26
	德順軍		未置		69,309	17,773	87,082	9
	通遠軍		未置		77,030	16,600	93,630	7
	乾　州	7	37,862	24	今廢	今廢		
	儀　州	7	89,842	12	今廢	今廢		
	慶成軍	3	8,547	29	今隸河中府	今隸河中府		
	沙苑監		無定額		無定額	無定額		
	開寶監		1,797	30	不聞	不聞		
	太平監		無定額		無定額	無定額		
	司竹監		無定額		無定額	無定額		
	合　計	288	3,108,083				2,481,558	

備註：

一、數額以貫為單位。

二、本表僅列出緡錢數字，其餘米粟、銀等未列入比較。

綜觀上表，陝西路出售酒麴共計二八八務，其中沿、次邊州軍有一四三務，幾占有近半數，舊額共計三、一〇八、〇八三貫，沿、次邊州軍為一、七九七、二八九貫，占百分之五七點八三。神宗熙寧十年（1077）定額共計二、四八一、五五八貫，沿、次邊軍為一、二七七、一三三貫，占百分之五一點四六，皆超過半數以上，顯見陝西沿、次邊地之酒酤盛行，主要是宋代酒場與軍旅有密切關係，以榷酤所充作軍費。仁宗慶曆年間，嘗酬獎酒榷有力者，以補陝西軍費之不足。〔註 195〕太宗准許軍隊私自造酒，只供食用及饋贈官屬，不得釀造過數，出售圖利。〔註 196〕此後軍隊釀酒風氣愈演愈盛，南宋岳飛曾置酒庫，日售數百緡。〔註 197〕釀造數量日漸增多，秦州在仁宗慶曆中，歲給釀酒省倉米毋過一千五百石，嘉祐四年（1059），歲給四至六千餘石，神宗熙寧二年（1069）增至九千石，此後每歲不下七、八石。〔註 198〕甚至官員多以私人錢物就公使庫釀酒圖利。〔註 199〕因此，屯戍重兵之沿、次邊州軍酒酤風氣必定大盛，酒麴需求量自然增加。

近裏州軍酒鞠消耗量以京兆、鳳翔二府較多，二處人口稠密，酒酤需求量自然增加，商州舊額四五、八〇七貫。熙寧十年（1077）定額四四、二四八貫，皆居第二十二位，王禹偁有詩形容商州酒沽情形：「遷客由來長合醉，不煩幽鳥道提壺，商州未是無人境，一路山村有酒沽。」〔註 200〕反映出商州酒沽盛況，其他州軍酒沽繁榮亦可想見一班。

二、竹　木

本區富竹木之饒，由於地理相近，京師需用，大都仰賴本區，宋廷嘗先後在秦州夕陽鎮、破他嶺、大小洛門設立采造務、〔註 201〕採木務〔註 202〕負責。宋初近臣戚里多遣親信至秦隴間私市竹木、聯筏運至京師，出售圖利，太宗曾嚴懲不肖官吏，〔註 203〕然眞宗大中祥符年間，這種情形仍存在。〔註 204〕可見汴京對陝西竹木之需要。

京師歲用竹木獲得途徑有三：一、爲上供，〔註 205〕二、爲收市，地方

〔註 195〕《宋會要》，〈食貨〉二〇之八。
〔註 196〕《宋會要》，〈食貨〉二一之二一。
〔註 197〕不著撰人，《皇宋中興兩朝聖政》（宛委別藏影宋鈔本，臺北，文海出版社影印，民國 56 年 1 月出版），卷二十七，頁 16。
〔註 198〕《宋會要》，〈食貨〉二一之一六。
〔註 199〕《宋會要》，〈食貨〉二之一七、一八。
〔註 200〕王禹偁，《小畜集》（四部叢刊正編，上海涵芬樓借常熟瞿氏鐵琴銅劍樓藏宋刊配呂無黨鈔本，臺北，臺灣商務印書館影印，民國 68 年 11 月臺一版），卷八，〈初入山聞提壺鳥〉，頁 45。
〔註 201〕《長編》卷三，太祖建隆三年六月辛卯條。
〔註 202〕《長編》卷七三，眞宗大中祥符三年四月丙寅條。
〔註 203〕《長編》卷二一，太宗太平興國五年八月甲戌條。
〔註 204〕《長編》卷七八，眞宗大中祥符五年六月戊申條。
〔註 205〕《宋會要》，〈食貨〉三七之八。

官吏常不恤民力，抑配於民〔註 206〕三、爲在京置場，讓客商入中，授以交引。〔註 207〕竹木務曾許客人依時價入中，每貫加饒錢八十文，給與新例茶引。〔註 208〕竹木利用黃、渭河漕運至京師，差衙前搬運，但歷底柱之險，竹木往往散失，破產者比比皆是，深爲民患。〔註 209〕押綱使臣、綱官、團頭、水手亦常共同偷賣，交納數少，妄稱遺失。〔註 210〕

斫砍竹木者有百姓、軍士二類，工作十分辛勞，宋廷嘗以盛暑別賜儀州制勝關采木軍士緡錢，以示慰勞。〔註 211〕除供區內鳳翔斜谷務、〔註 212〕三門白波提舉輦運司造船場〔註 213〕造船外，其餘大都輸往汴京，作爲營繕之用。眞宗時期，封禪事作，祥瑞沓臻，天書屢降，肆修宮觀，所費材木數以萬計，曾令事材場八作司，日具支用件狀進呈，以爲條約。〔註 214〕仁宗天聖八年（1030）修建太一宮及洪福等院，計需材木九萬四千餘條，全向陝西市之。〔註 215〕慶曆年間，汴京營繕歲用三十萬材木，後詔減三分之一，也由陝西轉運司負責收市。〔註 216〕後秦隴地區材木砍伐殆盡，熙河路山林久在羌中，巨木參天，令李憲提舉計置，供應每歲合用之數，〔註 217〕京師三司失火重建所用材木，即由熙河採伐輸運。〔註 218〕另外河橋竹索、〔註 219〕埽岸樁橛〔註 220〕等防河需用竹木，大部份亦是陝西路供億。

三、布　帛

宋代布帛生產集中於黃河中下游、四川、長江中下游三區。陝西路產量

〔註 206〕《長編》卷一三九，仁宗慶曆三年正月丙子條。
〔註 207〕《宋會要》，〈食貨〉三六之一五。
〔註 208〕《宋會要》，〈食貨〉三六之一四。
〔註 209〕蘇軾，前引書，後集，卷二二，〈亡兄子瞻端明墓誌銘〉，頁 647。
〔註 210〕《宋會要》，〈食貨〉四六之三。
〔註 211〕《長編》卷五六，眞宗景德元年七月己亥條。
〔註 212〕《長編》卷一〇一，仁宗天聖元年九月癸未條。
〔註 213〕《宋會要》，〈食貨〉四五之二、三。
〔註 214〕《長編》卷六六，眞宗景德四年八月戊申條。
〔註 215〕《長編》卷一〇九，仁宗天聖八年三月庚辰條。
〔註 216〕《宋會要》，〈食貨〉三七之一三。
〔註 217〕《長編》卷三一〇，神宗元豐三年十二月乙酉條。
〔註 218〕《長編》卷二五六，神宗熙寧七年九月乙卯條。
〔註 219〕《長編》卷一六四，仁宗慶曆八年七月己亥條；江少虞，前引書，卷二，〈祖宗聖訓〉，頁 18、19。
〔註 220〕《宋會要》，〈食貨〉三七之八。

微不足道，根據《太平寰宇記》，《元豐九域志》，《宋史・地理志》中土貢資料統計，僅有陝川貢絁、紬、絹；渭州貢絹，坊州貢麻而已。再據《宋會要》〈食貨〉六四匹帛記載，稅租之入，永興軍、秦鳳二路分別止有布秋八〇〇端、三〇五匹，絲綿一〇一及一、二二六兩。歲總收之數，羅，永興軍路一匹、綾，永興軍路六十匹；秦鳳路十四匹、絹，永興軍路六十六匹；秦鳳路三千七百十七匹，絁綾穀子隔織；永興軍路三十六匹；秦鳳路三匹；紬，永興軍路一千一百二十三匹；秦鳳路三百七十五匹；布，永興軍路一千五百一十一匹；秦鳳路六百五十三匹。絲綿茸線，永興軍路四萬零一百四十八兩；秦鳳路一萬六千八百二十三兩，雜色布帛；永興軍路三百十一匹；秦鳳路一百六十匹。占全國總量極小部份。而本區市馬支出、軍衣所需龐大，只有依賴外地運入一途。

川陝兩地緊鄰，蜀爲絹帛重要生產地，自然成爲供應之區。〔註 221〕其時蜀中三路絹綱三十萬匹，布綱七十萬匹，每匹值三百文，一歲計三十萬緡。〔註 222〕初期民尚樂輸，後流弊滋生，科配折變，苦不堪言。〔註 223〕另將川陝上供銀絹截留於永興軍、鳳翔府封樁。〔註 224〕巴蜀羨財就地市匹帛，運往陝西樁管，〔註 225〕以備邊費。但其供應常不敷陝西支用，又另謀途徑獲取：一爲京師輦運，大都取自內藏庫。二爲市易，〔註 226〕往往用封樁錢應付，〔註 227〕向絹行商人購買。〔註 228〕

匹帛利厚，川陝綱運常夾帶入境，〔註 229〕成都府都茶場爲增利額，也販羅帛至陝西，奪商賈之利。〔註 230〕當時輦送匹帛，先用官船水運至西京，再

〔註 221〕《宋會要》，〈食貨〉六四之二四。

〔註 222〕李心傳，《建炎以來朝野雜記》（明鈔校聚珍本，臺北，文海出版社影印，民國 56 年 1 月），乙集，卷一六，〈四川樁管錢物〉，頁 1123。

〔註 223〕魏了翁，《鶴山先生大全文集》（四部叢刊正編，烏程劉氏嘉業堂藏宋刊本，臺北，臺灣商務印書館影印，民國 68 年 11 月台一版），卷三二，〈上吳宣撫獵論布估〉，頁 278。

〔註 224〕《長編》卷一二三，仁宗寶元二年正月丁酉條。

〔註 225〕《宋史》卷一七五，〈食貨上三〉，頁 4234。

〔註 226〕《長編》卷二七八，神宗熙寧九年十月戊戌條。

〔註 227〕《長編》卷二八〇，神宗熙寧十年二月乙酉條。

〔註 228〕《長編》卷一三一，仁宗慶曆元年二月丙戌條：「內（渭州）潘原縣郭下西絹行人十餘家，每家配借錢七十貫文。」可見陝西路有絹行人存在。

〔註 229〕《宋會要》，〈食貨〉四二之九。

〔註 230〕蘇軾，前引書，卷三六，〈論蜀茶五害狀〉，頁 364。

差人雇車陸運，十分辛苦，有纔及半途，人夫盡逃散，官物抛野次情形發生。〔註231〕

三、石炭、羊

石炭即現今的煤，北宋多產於西北，爲利甚博。〔註232〕先是河北、山西、山東、陝西等處使用，後才傳至汴京，〔註233〕宋初已開採使用，太宗時期，陳堯佐任官河東，以地寒民貧，仰石炭爲生之由，乞除其稅。〔註234〕前述本區氣候寒冷，沿邊軍旅多役軍士斬薪燒炭取暖。〔註235〕基於森林對於邊防價值，石炭火力足，加上陝西冶鐵鑄錢使用石炭燃料較爲經濟，〔註236〕莊季裕《雞肋篇》卷上延州有詩云：「沙堆套裏三條路，石炭煙中兩座城。」故陝西路使用石炭十分普遍，除外還供應汴京之需求。〔註237〕

本區亦爲京師羊的供應地，御厨歲費數萬口羊，常市於陝西，頗造煩擾，〔註238〕甚至透過榷場向境外購買。〔註239〕當時歲市羊，遣人輸送，而羊多斃於道中，破產以償，羊與漕木並爲民間二大巨蠹。〔註240〕

〔註231〕《宋會要》，〈食貨〉四五之二。
〔註232〕朱弁，前引書，卷四，頁1669。
〔註233〕朱翌，《猗覺寮雜記》（百部叢書集成，知不足齋叢書，臺北，藝文印書館影印，民國55年出版），卷上，頁25、26。
〔註234〕《宋史》卷二八四，〈陳堯佐列傳〉，頁9582。
〔註235〕《長編》卷一一一，仁宗明道元年三月庚寅條。
〔註236〕Robert Hartwell 著，宋晞譯，〈北宋的煤鐵革命〉（《新思潮》九二期，民國51年3月31日出版），頁24。
〔註237〕馬端臨，前引書，卷二十五，〈國用三〉，頁考245。
〔註238〕《長編》卷五三，眞宗咸平五年十二月丙戌條。
〔註239〕《宋會要》，〈食貨〉三六之二八、二九。
〔註240〕杜大珪，前引書，卷一八，〈李觀察士衡神道碑〉，頁300。

第五章　陝西路對國際貿易活動

陝西路爲西北邊陲重地，與外族往來密切，主要貿易對象有三：一是西夏，二是西方諸國，三是沿邊羌族。茲按照順序分別論述。

第一節　對西夏貿易

宋夏二國長期處於劍拔弩張對立狀態，彼此之間貿易往來却始終持續未絕。論其方式有三：一爲榷場；二爲進貢；三爲走私。

一、榷　場

榷場是宋代對北方外族遼、金、夏主要貿易場所，眞宗景德四年（1007）宋始於保安軍開設榷場，對西夏貿易。〔註1〕宋設置榷場，除貿易外，亦具馭邊之效。分析本區榷場實具下列四項意義：

一、北宋採取和市馭邊政策，動輒關閉榷場，斷絕貿易關係，迫其就範。當時宋廷一般大臣均持此種態度，司馬光有一段話最具代表性：

> 西夏所居氐羌舊壤，所產者不過羊馬氈毯，其國中用之不盡，其勢必推其餘與它國貿易，其三面皆戎狄，鬻之不售，惟中國者羊馬氈毯之所輸，而茶綵百貨之所自來也，故其人如嬰兒，而中國哺乳之矣。〔註2〕

禁市十分奏效，趙元昊叛宋時，禁絕和市，造成「虜中匹布至十餘千」困弊

〔註1〕《宋史》卷一八六，〈食貨下八〉，互市舶法，頁4563。
〔註2〕司馬光，《溫國文正司馬文集》，卷五〇，〈論西夏劄子〉，頁379。

情狀。〔註3〕神宗熙寧年間復禁和市，亦使得西夏疋帛高漲至五十餘千，老弱流離，牛羊墮壞，損失不可勝計。〔註4〕英宗在位期間，夏主諒祚犯慶州，宋廷以中止貿易往來爲制，西夏旋即上章謝罪，請復和市。〔註5〕惟榷場封閉期間，嚴重影響二國正常貿易，一方面走私活動猖獗，甚至危及外交談判交涉，〔註6〕另一方面則導致沿邊州軍商稅額減少。總之，由於和市馭邊政策，使得二國榷場貿易常呈不穩定局面。

二、雙方在榷場交易物貨，北宋有繒帛、羅綺、香藥、瓷漆器、薑桂等類；西夏則有駝馬、牛、羊、玉、氈毯、甘草、蜜臘、麝臍、毛褐、羱羚角、硇砂、柴胡、蓯蓉、紅花、翎毛等等。〔註7〕而繒帛、羅綺、香藥並非陝西土產，需從外地輦致交易；西夏方面的硇砂主產於高昌回鶻境內，〔註8〕玉以于闐所產較多，〔註9〕羚角來自甘州回鶻地，〔註10〕亦非本身所產，因此轉口貿易是榷場一項特色。除上述物資之外，福建路生產荔枝經過紅鹽加工處理，運往西夏；〔註11〕茶馬貿易皆爲轉口貿易。其次北宋物貨多屬於加工過之成品，而西夏則爲畜產品、藥草等原料，故司馬光所云「其人如嬰兒，而中國哺乳之矣」多少具有幾分眞實性。

實際上榷場以茶爲輸出大宗，仁宗慶曆宋夏議和，北宋每歲賜西夏茶三萬斤，知制誥田況上奏說：

> 本界（延州）西北連接諸蕃，以茶數斤可以博羊一口。今既許於保安、鎮戎軍置榷場，惟茶最爲所欲之物，彼若歲得二十餘萬斤，榷場更無以博易。〔註12〕

歐陽修亦奏言：

> 計元昊境土人民歲得三十萬茶，其用已足，然則兩榷場捨茶之外，

〔註3〕杜大珪，前引書，中集，卷二二，〈張文定公方平墓誌銘〉，頁714。
〔註4〕蘇軾，前引書，東坡奏議卷四，〈因擒鬼章論西羌夏人事宜箚子〉，頁2。
〔註5〕《宋史》卷一八六，〈食貨下八〉，互市舶法，頁4564。
〔註6〕《宋會要》，〈食貨〉三八之三一、三二。
〔註7〕《宋史》卷一八六，〈食貨下八〉，互市舶法，頁4563。
〔註8〕《宋史》卷四九〇，〈外國六〉，高昌，頁14113。
〔註9〕《宋史》卷四九〇，〈外國六〉，頁14106。
〔註10〕歐陽修，《新五代史》（新校本，臺北，鼎文書局，民國65年11月初版），四夷附錄三，〈回鶻〉，頁915。
〔註11〕蔡襄，前引書，卷三五，〈荔枝譜第三〉，頁9。
〔註12〕《長編》卷一四九，仁宗慶曆四年五月甲申條。

須至別將好物博易賊中無用之物。〔註 13〕

可見茶在榷場物貨中所占之重要性。

三、關於榷場進行貿易情形，資料付闕，僅能略知一二。舊制客商需有官給公據，始聽與西人交易；後法禁疏濶，官吏弛慢，邊人公開與西人交易。〔註 14〕除官市之物外，其餘聽任百姓自由買賣。〔註 15〕西夏貢使返國，令於榷場中博買物質。〔註 16〕京師所需牛羊，常透過榷場博買應副。〔註 17〕官吏不得於榷場內博買物色，否則以違制論罪。〔註 18〕對於榷場公用錢供給充裕，以便招待使人。〔註 19〕以京官擔任榷場州軍同判。〔註 20〕榷場另具有政治功能，嘗引伴西界首領至延州陳述事宜。〔註 21〕神宗熙寧九年（1076）詔榷場以市易司爲名，〔註 22〕榷場功能更進一步擴大，已非純粹對西夏貿易場所。

四、與對遼貿易榷場比較，有三點差異：

（一）對遼貿易榷場在澶淵之盟前時有時斷，其迄至徽宗政和年間雙方交惡爲止，始終未停止。此與對西夏貿易榷場時開時關截然不同。

（二）宋遼之間榷場貿易，對於雙方有利，宋廷利用榷場將歲幣回收，〔註 23〕遼則得到所欲物貨。宋夏之間榷場貿易，西夏所獲取者遠比宋朝爲多，趙德明嘗曰：「吾族三十年衣錦綺，此宋恩也，不可負。」〔註 24〕所以宋對西夏採取和市馭邊策略才能收效。

（三）宋遼二國皆在本國境內設置榷場進行貿易，宋延亦准許商賈前往交易。〔註 25〕反之，宋廷不許西夏在其境內設置榷場及定期市集，

〔註 13〕歐陽修，《歐陽文忠公全集》，卷一〇五，〈論與西賊大斤茶劄子〉，頁 817。
〔註 14〕司馬光，《溫國文正司馬文集》，卷五〇，〈論西夏劄子〉，頁 379。
〔註 15〕《宋史》卷一八六，〈食貨下八〉，互市舶法，頁 4563。
〔註 16〕《宋會要》，〈食貨〉三八之三〇。
〔註 17〕《宋會要》，〈食貨〉三六之二八、二九。
〔註 18〕《宋會要》，〈食貨〉三六之二八。
〔註 19〕《長編》卷六八，眞宗大中祥符元年四月甲寅條。
〔註 20〕《長編》卷一一〇，仁宗天聖九年九月癸酉條。
〔註 21〕《長編》卷一五七，仁宗慶曆五年十二月乙丑條。
〔註 22〕《宋會要》，〈食貨〉三七之二五。
〔註 23〕徐夢莘，《三朝北盟會編》（清光緒四年歲次戊寅越東集印本，臺北，文海出版社影印，民國 51 年 9 月版），卷八，〈宋昭上書論北界利害乞守盟誓女眞決先敗盟〉，頁 64。
〔註 24〕《宋史》卷四八五，〈外國一〉，夏國，頁 13993。
〔註 25〕畑地正憲著；鄭樑生譯，〈北宋與遼的貿易及其歲贈〉（《食貨月刊》復刊四卷八期，民國 63 年 12 月 1 日出版），頁 34。

眞宗大中祥符八年（1015）趙德明將在石州濁輪谷（陝西神木縣北）設立榷場，遭到緣邊安撫司制止。〔註 26〕同時顧慮沿邊熟戶被誘叛渙，嚴禁百姓前去買賣。〔註 27〕顯示對西夏貿易榷場比對遼榷場更加重視軍事國防因素，統制嚴格，對於貿易往來影響甚鉅，也反映出宋對遼、夏二國態度有差。

二、進　貢

進貢是四夷藉朝貢關係與漢民族交易主要方式，玆將西夏向宋進貢情形列表說明之。

表十五：西夏向宋進貢統計表

帝號	時間					進貢物色	資料出處	備　註
	年號	西曆紀年	年	月	日			
太祖	建隆	960	元	正			《西夏書事》，卷三	聞太祖受禪，奉表入賀。
		962	三	四		良馬三百匹。	同上	
	乾德	963	元	四		犛牛一。	《宋史》，卷一，〈太祖本紀〉	
	開寶	972	五	三			《西夏書事》，卷三	表請入朝。
太宗	太平興國	983	八	三		馬、槖駝。	同上	
	淳化	992	三	十一		白鶻。	《西夏書事》，卷五	
		994	五	八		名馬、槖駝。	同上	
	至道	995	元	正	廿八	良馬、槖駝	《宋會要》，〈蕃夷〉七之十三	
眞宗	咸平	998	元	四	十四	名馬、槖駝。	同上	
		1001	四	八		馬。	《長編》卷四九，眞宗咸平四年八月辛丑條	

〔註 26〕《宋史》卷四八五，〈外國一〉，夏國，頁 13991。
〔註 27〕《長編》卷五一，眞宗咸平五年正月甲子條。

眞宗	景德	1005	二	九	八		《宋會要》,〈蕃夷〉七之十六	
		1005	二	十二			《西夏書事》，卷八	
		1006	三	五	一		《宋會要》,〈蕃夷〉七之十六	
				六	七		同上	
				十一	十三	御轡馬馬、散馬、橐駞。	同上	謝朝命。
		1007	四	三	十六	馬、橐駞。	同上	謝給俸廩。
				六	廿一	馬。	《宋會要》,〈蕃夷〉七之十六、十七	助修莊穆皇后園陵。
				十			《西夏書事》卷九	表請新曆。
	大中祥符	1008	元	十			同上	封泰山，遣使入獻。
		1011	四	二			《長編》卷七五，眞宗大中祥符四年二月戊午條	
				四	九		《宋會要》,〈蕃夷〉七之十八	
		1012	五	正			《西夏書事》，卷九	
		1014	七	二		方物	《宋史》，卷四八五，〈夏國列傳〉	聞車駕謁太清宮，遣使詣行闕朝賀。
				十一			《西夏書事》，卷九	
		1015	八	五			《西夏書事》，卷十	
		1016	九	十		馬二十匹。	《長編》卷八八，眞宗大中祥符九年十月丙子條。	
仁宗	天聖	1027	五	二		方物。	《西夏書事》，卷十	
		1030	八	十二		馬七十匹。	《長編》卷一〇九，仁宗天聖八年十二月丁未條	乞賜佛經一藏。
	景祐	1034	元	十二		馬五十匹。	《長編》卷一一五，仁宗景祐元年十二月癸酉條。	同上。
		1035	二	十一			《西夏書事》，卷十二。	

仁宗	慶曆	1045	五	六		御馬、長進馬、橐駞。	《宋會要》,〈蕃夷〉七之二六。	
		1046	六	四		大石樣、金渡黑銀花鞍轡，金渡黑銀花香爐合、御馬、長進馬、橐駞。	同上	
		1048	八	十二		馬、駞各五十匹。	《西夏書事》，卷十八	謝封冊。
	至和	1055	二	四			《西夏書事》，卷十九	乞賜大藏經。
	嘉祐	1057	二	三		國母遺物、馬駞各百匹。	同上。	
		1061	六	十二			《西夏書事》，卷二○	入賀正旦。
		1062	七	四		馬五十疋。	《長編》卷一九六，仁宗嘉祐七年四月己丑條。	求《九經》、《唐史》、《冊府元龜》,《本朝正至賀朝儀》。
神宗	治平	1067	四	閏三		方物。	《長編》卷二○九，英宗治平四年閏三月己丑條。	神宗即位未改元。
	熙寧	1072	五	七			《西夏書事》，卷二三	
		1073	六	十二		馬。	《長編》卷二四八，神宗熙寧六年十二月癸巳條。	乞賜大藏經。
	元豐	1083	六	閏六			《宋史》，卷四八六，〈夏國列傳〉	
哲宗		1085	八	十		馬一百匹。	《長編》卷三六○，神宗元豐八年十月甲子條。	哲宗即位未改元，進助山陵，以新曆賜之。
				十二		秉常母遺馬、白駝。	《宋會要》，〈蕃夷〉七之三八	
	元祐	1086	元	二		馬。	《西夏書事》，卷二七	入謝賻贈。
				四			《長編》卷三七四，哲宗元祐元年四月辛卯條。	賀哲宗登寶位。
				六			《長編》卷三八○，哲宗元祐元年六月壬寅條。	

哲宗				七			《長編》卷三八二，哲宗元祐元年七月庚午條。	賀坤成節。
				十二	五	御馬五疋、常馬二十五疋、橐駞二十頭。	《長編》卷三九三，哲宗元祐元年十二月己丑、癸巳條。	賀興龍節。
		1087	二	三		馬、橐駝總二百七十頭匹。	《長編》卷三九六，哲宗元祐二年三月戊辰條。	謝祭奠弔慰。
		1089	四	二		馬。	《西夏書事》，卷二八	謝封冊請和。
				六	八		《宋會要》，〈蕃夷〉七之四〇	
				七			《長編》卷四三〇，哲宗元祐四年七月庚辰條。	賀坤成節。
哲宗	元祐	1089	四	十二			《長編》卷四三六哲宗元祐四年十二月辛丑條。	
		1090	五	七			《長編》卷四四五哲宗元祐五年七月乙亥條。	賀坤成節。
				十二			《長編》卷四五二哲宗元祐五年十二月乙未條。	賀興龍節。
				十二			《長編》卷四五三哲宗元祐五年十二月乙卯條。	賀正旦。
		1091	六	七			《長編》卷四六一哲宗元祐六年七月己巳條。	賀坤成節。
	紹聖	1094	元	正	廿四		《宋會要》，〈蕃夷〉七之四一	
				二		馬一百匹。	《西夏書事》，卷二九。	進助宣仁聖烈山陵。
	元符	1099	二	十一		御馬。	《西夏書事》，卷三二	進誓表。

徽宗		1100	三	十	二	方物。	《宋會要》，〈蕃夷〉七之四三	徽宗即位未改元。賀天寧節。
	建中靖國	1101	元	五			《西夏書事》，卷三一	獻物助工，進助山陵。
	大觀	1107	元	八			《西夏書事》，卷三二	
		1108	二				《宋史》，卷二○，〈徽宗本紀〉	
		1109	三				同上	
		1110	四	正	廿八		《宋會要》，〈蕃夷〉七之四三	
	政和	1111	元	十	十一		同上	
				十二			《西夏書事》，卷三二	
		1113	三	三			同上	
		1115	五	十	廿三		《宋會要》，〈蕃夷〉七之四三	
		1116	六	十二			《西夏書事》，卷三三	
	宣和	1120	二				《宋史》，卷二二，〈徽宗本紀〉	
		1124	六	十二			《西夏書事》，卷三三	

綜觀上表，進貢次數以眞、哲宗二朝期間最爲頻繁，眞宗景德三年（1006）趙德明歸順至仁宗寶元元年（1038）元昊稱帝三十三年中，西夏遣使進貢十八次，爲宋夏貿易全盛時期。當時趙德明每歲旦、聖節、冬至皆遣牙校來獻，朝廷賜賚豐富，加賜官告，又以襲衣五件、金荔支帶、金花銀匣副之；銀沙鑼、盆，合重千兩，錦綵千匹，塗銀鞍勒馬一匹，副以纓複；再賜冬服及頒儀天具注曆。〔註 28〕准許使者在京師貿易，〔註 29〕若有私物久而不售者，令官收市。〔註 30〕朝臣曾要求約束貢使挾帶私物，規免市征，眞宗以戎人遠來，獲利無幾，仍維持舊制。〔註 31〕後以西人出入民間無禁，沿途市物謀利，頗或擾民，下詔令所在有司嚴示約束。〔註 32〕仁宗景祐二年（1035）始立羈防，

〔註 28〕《宋史》卷四八五，〈外國一〉，夏國，頁 13992。
〔註 29〕《長編》卷六五，眞宗景德四年三月癸丑條。
〔註 30〕《長編》卷七二，眞宗大中祥符二年十月庚戌條。
〔註 31〕《長編》卷八三，眞宗大中祥符七年十一月乙未條。
〔註 32〕《長編》卷七七，眞宗大中祥符五年二月丙辰條。

除館舍禮之，由官主貿易，〔註 33〕都亭西驛負責款待。〔註 34〕其時使者入京買販，絡繹不絕，獲利頗豐。〔註 35〕

元昊叛宋，進貢自然斷絕，慶曆四年（1044）雙方議和，宋歲賜西夏銀、絹、茶凡二十五萬五千，允許貢使至京師就驛貿易。〔註 36〕當時夏國賀正旦貢使到闕，以錢、銀博買物色比前數多，〔註 37〕蓋宋廷歲賜提高西夏購買力，使得流出境外錢、銀能夠部份收回，減輕財政支出負擔。沿道市物情形仍然存在，嘗嚴禁貢使沿途收市陝西糧草交抄。〔註 38〕主持貿易官吏往往對進貢物貨擡壓價例，使其損失不貲。〔註 39〕

神宗熙豐年間西方用兵，五路伐夏，雙方關係惡化，殊少入貢。哲宗在位時，西夏貢使始來，絡繹於道，造成另一次高峯，這段期間與眞宗時代不同，前者是在趙德明雙方和平相處時期，往來自然密切。哲宗期間雙方雖然罷兵和議，但彼此之間十分緊張，西夏要求歸還蘭州及米脂五砦，元祐三年（1088）三月攻德靖砦；五年（1090）冬攻蘭州之質孤、勝如堡；六年（1091）圍麟、府州三百，殺掠不計；七年（1092）屢攻綏德城，重兵壓涇原境。〔註 40〕惟根據前表統計，此時貢使不絕，正旦、聖節皆遣使來賀，蓋「利中國賜予，且假以窺朝旨也。」〔註 41〕貢使將得絹歸鬻之，獲利甚鉅。〔註 42〕豈有輕言放棄之理。宋廷對於進貢貿易仍沿襲統制政策，規定

一、西人詣闕賀正旦、聖節，到，計住二十日，非泛十五日。如係商量事，候朝旨進奏。

一、西人到闕，隨行蕃落將不許出驛或有買賣，於本驛承受使臣處出頭，官爲收買。

〔註 33〕吳廣成，前引書，卷十二，頁 3。

〔註 34〕朱彧，《萍州可談》（四庫全書珍本別輯，臺北，臺灣商務印書館影印，民國 64 年出版），卷二，頁 15。

〔註 35〕趙汝愚，前引書，卷一三三，范仲淹，〈上仁宗論元昊請和不可許者三大可防者三〉，頁 30。

〔註 36〕《宋史》卷四八五，〈外國一〉，夏國，頁 13999。

〔註 37〕《宋會要》，〈食貨〉三八之三。

〔註 38〕《宋會要》，〈蕃夷〉七之二六。

〔註 39〕吳廣成，前引書，卷二〇，頁 10。

〔註 40〕《宋史》卷四八六，〈外國二〉，夏國，頁 14016。

〔註 41〕吳廣成，前引書，卷二八，頁 16。

〔註 42〕蘇軾，前引書，卷三二，〈因擒鬼章論西夏羌人事宜〉，頁 2；「一使所獲率不下二十萬緡。」

一、西人到京買物，官定物價，比時估低小，量添分數供賣，所收加擡納官。〔註43〕

另外，允許貢使沿途估價出賣所攜物貨，政府貸封樁錢給商人，以便收購。〔註44〕進貢除貿易功能之外，亦具促進文化交流之效，西夏屢次獻馬求《佛經》、《九經》、《冊府元龜》、《唐史》、《本朝正至朝賀儀》等書，提昇本身文化水準。

宋朝大臣們對於西夏進貢之看法，可以仁宗慶曆年間宋夏和議時，余靖之言為代表：

風聞西驛勾當使臣與如定等下行鋪收買物色太多，此非國家之意。臣竊以朝廷含育西戎恩過天地，元昊累世翻覆，性同禽獸，蓋緣從前豢養過厚，以致今日跋扈難制，非恩意不足也。〔註45〕

簡言之，大都懼怕吾資資敵，養癰貽患，釀成禍害。從進貢物色來看，以馬、橐駞為主，對於缺乏馬匹之北宋不無小補；除外尚有甘草、蓯蓉等草藥。〔註46〕

另外一方面，西夏不僅對北宋進貢，同時亦向遼進貢，形成宋、遼、夏三者複雜微妙關係。遼夏政治關係，金毓黻先生有精闢分析；認為西夏與遼之關係，頗異於宋，有二重關係；一為宗屬之國，自李繼遷降遼以來，累世受其冊封，臣事甚謹，且歲有貢獻；二為甥舅之國，遼之宗女三次下嫁於夏；遼視西夏為北漢，為其屏障，故宋加兵於西夏，遼必出兵援救之，夏則利用遼之聲勢抗宋。〔註47〕

由於政治上緊密聯繫，必導致經濟上往來，夏對遼有八節貢獻，貢進物件有下列物品：

細馬二十匹，麤馬二百匹，駞一百頭、錦綺三百疋，織成錦被褥五合，從容、砒石、井鹽各一千觔，沙狐皮一千張，兔鶻五隻，犬子十隻。〔註48〕

西夏地不產蠶絲，故錦綺及織成錦被褥二項物件必須仰賴宋之歲賜，方能應

〔註43〕蘇轍，前引書，卷四五，〈乞裁損待高麗事件箚子〉，頁447、448。
〔註44〕《長編》卷四一九，哲宗元祐三年閏十二月辛亥條。
〔註45〕《長編》卷一四二，仁宗慶曆三年七月庚寅條。
〔註46〕《宋會要》，〈食貨〉三八之二八、二九。
〔註47〕金毓黻，《宋遼金史》（臺北，洪氏出版社，民國63年9月11日再版），頁93～95。
〔註48〕葉隆禮，《契丹國志》（百部叢書集成，汗筠齋叢書，臺北，藝文印書館影印，民國58年出版），卷二一，〈西夏國貢進物件條〉，頁3、4。

副，此亦是西夏重視向宋進貢原因之一。對遼進貢，形成西夏經濟上重擔，李繼遷因請婚於契丹，歲時貢獻悉取資於蕃族，財用漸乏，宋廷又封鎖沿邊和市，磧外商旅不至，乞通互市，以濟資用。〔註49〕元昊臨終遺言：

> 異日力弱勢衰，宜附中國，不可專從契丹，蓋契丹殘虐，中國仁慈，順中國則子孫安寧，又得歲賜、官爵，若爲契丹所脅，則吾國危矣。〔註50〕

一語道破遼對西夏之剝削，不過宋夏斷絕往來，西夏只得將牛羊悉賣給契丹，〔註51〕「惟恃西北一區與契丹交易有無。」〔註52〕倚賴其供應，忍受其壓榨。在經濟上可謂西夏夾於宋遼之縫中，宋廷和市馭邊政策能奏效，即在於此。

三、走　私

走私是宋夏貿易中重要環節，其原因不外乎有二端；一爲圖謀暴利，走私違禁品；二爲合法貿易（榷場和市及進貢）斷絕，不得不走私。茲從此二方面來討論宋夏之間走私貿易情形。

（一）違禁品走私

宋廷基於政治、國防、財政等理由，規定許多禁止輸出、入違禁品，其中禁止輸入部份，以青白鹽最爲重要。

青白鹽產於西夏境內鹽、靈、會州等鹽池，〔註53〕味甘價賤，〔註54〕沿邊蕃漢民戶樂食。宋初諸羌部落以此易穀麥，〔註55〕擅以爲利。〔註56〕李繼遷叛宋，鄭文寶建議禁青白鹽，以制其命。〔註57〕太宗遂下詔禁青白鹽，〔註58〕結果造成

> 犯法者眾，戎人乏食，寇掠邊郡，內屬萬餘帳，稍稍引歸繼遷，商

〔註49〕吳廣成，前引書，卷五，頁5。
〔註50〕吳廣成，前引書，卷十九，頁1。
〔註51〕《長編》輯《永樂大典》卷一二四〇〇，仁宗慶曆二年十二月條。
〔註52〕吳廣成，前引書，卷三二，頁13。
〔註53〕呂祖謙，前引書，卷五，頁7。
〔註54〕《宋會要》，〈食貨〉二三之三八、三九。
〔註55〕《宋史》卷二七七，〈鄭文寶列傳〉，頁9426。
〔註56〕馬臨端，前引書，卷十六，〈征榷三〉，頁考159。
〔註57〕《宋史》卷二七七，〈鄭文寶列傳〉，頁9426。
〔註58〕《宋會要》，〈食貨〉二三之二二、二三。

> 人販解鹽少利，多取他路，出唐、鄧、襄、汝間邀善價，吏不能禁，關隴民無鹽以食，而境上騷擾。〔註59〕

不可收拾局面。淳化四年（993）八月，下詔解禁。〔註60〕旋又禁止，亦降低解鹽價錢，以爲抵制，終北宋之世未見解除，私販青白鹽遂起。

走私青白鹽情形迄於北宋末，一直猖狂不絕，雖嚴刑重法，無法遏止。范祥行鈔鹽法，爲防止沿邊州軍走私青白鹽，召募商賈入中池鹽，官自出鬻，禁人私售，嚴峻青白鹽之禁，〔註61〕結果「官鹽估貴，土人及蕃部販青白鹽者眾，往往犯法抵死，而莫肯止。」〔註62〕甚至抵死者太多，改刺面配沙門島發落。〔註63〕

青白鹽之所以走私不絕，在於其「鹽味勝解池所出」，〔註64〕價格便宜，青白鹽每斤僅十五文錢，〔註65〕解鹽則高達三十四至四十四文錢，〔註66〕二者相差十九至二十九文錢，政府雖全力防範走私，收效甚微。

由於青白鹽是西夏利藪，遂成爲宋夏外交爭議問題，眞宗景德二年（1005）四月，雙方展開和議，西夏要求開放青白鹽之禁，以趙德明不願遣子弟入質及納靈州爲由拒絕。〔註67〕後屢求解禁，眞宗再以所納誓表未載放鹽之事而不允。〔註68〕宋廷堅持不肯放行，除欲困制西夏之外，亦欲銷售解鹽謀利，以助邊費。〔註69〕包拯嘗上奏：

> 緣元昊數州之地，財用所出，並仰給於青鹽，自用兵以來，沿邊嚴行禁約者，乃困賊之一計爾。今若許以歲進萬數石，必恐禁法漸弛，奸謀益熾，不惟侵奪解鹽課利，亦慮漸成大敵。〔註70〕

即是最佳之註腳。因此儘管西夏屢乞解禁，朝中部份大臣，如范仲淹之流，

〔註59〕同前註。
〔註60〕同前註。
〔註61〕《長編》卷一六五，仁宗慶曆八年十月丁亥條。
〔註62〕《宋史》卷一八一，〈食貨下三〉，頁4419。
〔註63〕《宋會要》，〈刑法〉四之一六。
〔註64〕《長編》卷一四五，仁宗慶曆三年十一月辛卯條。
〔註65〕《長編》卷五四，眞宗咸平六年三月辛亥條。
〔註66〕《宋史》卷一八一，〈食貨下三〉，頁4414。
〔註67〕《宋史》卷四六六，〈張崇貴列傳〉，頁13619。
〔註68〕《長編》卷六八，眞宗大中祥符元年四月己未條。
〔註69〕廖隆盛，〈宋夏關係中的青白鹽問題〉（《食貨月刊》，復刊五卷十期，民國65年1月1日出版），頁15、16。
〔註70〕包拯，前引書，卷九，〈論楊守素〉，頁117、118。

建議部份通行青白鹽，〔註 71〕政府一直不肯讓步，百姓只得食貴鹽，此不僅使民生凋弊，亦造成走私猖獗。

禁止輸出違禁品項目繁多，其中以銅錢、穀糧、銅鐵三項較爲重要，茲分述如下：

1. 銅錢　宋代銅錢早有外流現象，宋初嘗立法禁止銅錢流出塞外，〔註 72〕太宗太平興國年間，西北內屬戎人常齎貨帛於秦、階二州易換銅錢出塞，銷鑄爲器，〔註 73〕靈州市馬，亦有大量銅錢流出。〔註 74〕後屢頒重刑之令，仍無法遏止。〔註 75〕神宗熙寧七年（1074）頒行新敕，刪除錢禁，造成銅錢盡入四夷。〔註 76〕哲宗嗣位，重申錢幣闌出之禁，〔註 77〕並且屢訂重罰，〔註 78〕由歷朝多次頒布禁令罰則來看，當時走私銅錢出境情形十分嚴重。根據〈西夏陵區一〇八號墓發掘簡報〉中記載，一九七五年九月十六日至十二月五日挖出祥符通寶、天聖元寶、皇宋通寶、熙寧元寶等宋代貨幣；〔註 79〕〈西夏八號陵區發掘簡報〉則記載出土宋代貨幣，計有淳化、至道、咸平、景德、祥符、天禧、明道、治平、熙寧、紹聖、元符、宣和等年號錢。〔註 80〕從以上考古發掘報告可以證明宋代銅錢大批走私流入西夏境內，應毋庸置疑。

附帶一提，鐵錢由於攜帶不便，價値不高；加上西夏境內產鐵，未見有走私情形，一直到徽宗政和年間，夏人喪失茶山鐵冶，乏鐵爲器，始在邊上用鹽易鐵錢。〔註 81〕

2. 穀糧　前述宋廷禁青白鹽，欲使戎人乏食，迫使西夏屈服；眞宗大中祥符元年（1008）六月，西夏境內綏、銀、夏三州，天時亢旱，黃河淤淺，

〔註 71〕范仲淹，前引書，〈年譜補遺〉，頁 264。
〔註 72〕《宋史》卷一八〇，〈食貨下三〉，頁 4375。
〔註 73〕《長編》卷一九，太宗太平興國三年二月甲申條。
〔註 74〕《長編》卷二四，太宗太平興國八年十一月壬申條。
〔註 75〕《宋史》卷一八〇，〈食貨下二〉，頁 4380；《長編》卷一三二，仁宗慶曆元年五月乙卯條。
〔註 76〕《長編》卷二六九，神宗熙寧八年十月壬辰條。
〔註 77〕《宋史》卷一八〇，〈食貨下二〉，頁 4384。
〔註 78〕《宋史》卷十八，〈哲宗本紀〉，頁 342；卷一八〇，〈食貨下二〉，頁 4385。
〔註 79〕寧夏回族自治區博物館，〈西夏陵區一〇八號墓發掘簡報〉（《文物》，1978 年八期，1978 年 8 月出版），頁 71～76。
〔註 80〕寧夏回族自治區博物館，〈西夏八號陵發掘簡報〉（《文物》，1978 年 8 期，1978 年 8 月出版），頁 60～70。
〔註 81〕《宋史》卷一八五，〈食貨下七〉，頁 4530。

居民惶亂，遂下詔榷場勿禁西人市糧，以賑其乏，〔註 82〕可見穀糧爲禁止輸出違禁品。仁宗嘉祐五年（1060）嘗詔禁絕西人驅牛馬於沿邊博糴民穀。〔註 83〕神宗熙寧年間，西界不稔，糧斛倍貴，多有私博入蕃，以致妨害沿邊計糴軍儲。〔註 84〕顯示走私穀糧情形十分猖獗。

西夏地據河套，其地饒五穀，尤宜稻麥。〔註 85〕並且獲得漢人，「若脆怯無他伎者，遷河外耕作。」〔註 86〕以發展農業。一九七七年九月，在西夏陵區一〇一號陪葬墓中出土兩件造形生動，形象逼眞的銅牛、石馬及敦煌榆林窟壁畫中的西夏農耕圖皆反映出西夏已進入農牧經濟型態，〔註 87〕農業應該粗具規模，爲何還需走私糧食補充？除自然天災因素之外，尙有人爲因素。元昊時期，四出攻打，頻年點集，種植不時，以致歉收。〔註 88〕政府將穀糧大量囤積控制，仁宗皇祐二年（1050）六月，契丹攻破賀蘭山西北攤糧城，爲西夏儲糧處，盡發廩積而還。〔註 89〕神宗元豐四年（1081）五路伐夏，李憲破龕谷城，此城堅固，多窖積，夏人號爲「御莊」，〔註 90〕蕃官三班差使麻也訛賞於西界德靖鎭七里平山上得西人穀窖大小百餘所，約八萬石，〔註 91〕麟延路經略司報告米脂寨收窖藏穀一萬九千五百餘石，〔註 92〕涇原路行營總管司亦報告在鳴沙川搜得窖藏粟及雜草三萬三千餘石束，〔註 93〕復又在城外搜獲窖粟一萬八千餘石。〔註 94〕從窖積情形及數量來看，西夏實將穀糧大量囤積控制。另外，有些權貴大臣也將糧食據爲己有，例如：夏人沒藏訛龐知河西膏腴厚利，令民播種，以所收入其家。〔註 95〕環州定遠蕃族大首領李訛𠯗

〔註 82〕吳廣成，前引書，卷九，頁 6。
〔註 83〕《長編》卷一九七，仁宗嘉祐五年二月癸酉條。
〔註 84〕文彥博，《潞公文集》（四庫全書珍本六集，，臺北，臺灣商務印書館影印，民國 65 年出版），卷十九，〈乞禁止漢人與西人私相交易〉，頁 3。
〔註 85〕《宋史》卷四八六，〈外國二〉，夏國，頁 14028。
〔註 86〕同前註。
〔註 87〕吳峰雲，〈介紹西夏陵區的幾件文物〉（《文物》，1978 年 8 期，1978 年 8 月出版），頁 82。
〔註 88〕吳廣成，前引書，卷一六，頁 1。
〔註 89〕吳廣成，前引書，卷一九，頁 4。
〔註 90〕吳廣成，前引書，卷二五，頁 6。
〔註 91〕《長編》卷三一八，神宗元豐四年十月丙子條。
〔註 92〕《長編》卷三一八，神宗元豐四年十月己卯條。
〔註 93〕《長編》卷三一八，神宗元豐四年十月辛巳條。
〔註 94〕同前註。
〔註 95〕吳廣成，前引書，卷十九，頁 10。

陰藏窖粟數十萬，資助統軍梁哆唛出兵入侵。〔註 96〕由於前述因素，以致穀糧不足，走私自然猖獗。

3. 銅鐵　宋初即規定銅鐵不得闌出蕃界及化外，〔註 97〕甚至連沿邊州亦有鐵禁，直至眞宗景德二年（1005）正月，因邊民乏農器，才弛鐵禁。〔註 98〕仁宗慶曆五年（1045）九月，詔禁止以堪造軍器物鬻於化外；〔註 99〕堪造軍器物自然包括銅鐵在內。神宗熙寧八年（1075）七月，准許鬻銅錫市馬，〔註 100〕但哲宗繼位後，隨即重申其禁。〔註 101〕當時遼亦管制制銅鐵流入西夏境內，遼興宗重熙二年（1033）禁止夏國使臣沿途私市金鐵。〔註 102〕道宗清寧九年（1063）正月，禁止百姓鬻銅於夏。〔註 103〕因此西夏只得完全靠走私進口。

4. 其他　包括人口、書籍等類。人口販賣出境俱被禁止，太宗嘗禁止內屬戎入私市女口，〔註 104〕對於販買人口之人依格律處死，〔註 105〕並令沿邊鎭寨嚴加查緝，〔註 106〕當時邊上饑荒，有不少人被賣到蕃境部落，太宗將以物貨取贖，〔註 107〕眞宗天禧二年（1081）十二月，下詔禁止邠、寧、涇、原等州流民被誘賣到蕃界，〔註 108〕明年（1019）內殿崇班韓令琮報告環州百姓多將人口偷賣與北界。〔註 109〕仁宗時期放宮女出宮，趙元昊陰以重幣購得數人，納於左右。〔註 110〕可見人口走私頻繁。

書籍方面，除九經書疏之外，其餘禁止輸出，惟不斷有書籍流出境外，眞、神、哲宗三朝曾頒布禁令，採取重賞嚴罰措施來遏止。〔註 111〕此外，漆、

〔註 96〕吳廣成，前引書，卷三二，頁 14。
〔註 97〕《宋史》卷一八五，〈食貨下七〉，頁 4524。
〔註 98〕《長編》卷五九，眞宗景德二年正月甲午條。
〔註 99〕《宋會要》，〈食貨〉三八之三〇。
〔註 100〕吳廣成，前引書，卷二四，頁 5。
〔註 101〕《宋史》卷一八〇，〈食貨下二〉，頁 4384。
〔註 102〕脱脱，《遼史》（新校本，台北，鼎文書局，民國 67 年 11 月 2 版），卷一一五，頁 1526。
〔註 103〕脱脱，《遼史》，卷一一五，頁 1527。
〔註 104〕《長編》卷二四，太宗太平興國八年二月丁酉條。
〔註 105〕《宋會要》，〈兵〉二七之一。
〔註 106〕《宋會要》，〈兵〉二七之三。
〔註 107〕《宋會要》，〈兵〉二七之三、四。
〔註 108〕《宋會要》，〈兵〉七之二〇。
〔註 109〕同前註。
〔註 110〕吳廣成，前引書，卷十三，頁 3。
〔註 111〕《長編》卷六四，眞宗景德三年九月壬子條；卷二八九，神宗元豐元年四月庚

〔註112〕弓矢兵器〔註113〕等物皆禁止流出塞外。

（二）合法貿易中止下的走私

宋採取和市馭邊政策，當中止貿易時，西夏物價踊貴，商賈獲利至鉅，另外一方面倚靠走私途徑獲取所需物資，政府雖然全力遏阻，始終無法絕跡，影響禁市效果甚鉅，茲以神宗一朝爲例說明之。

神宗繼位之初，對西方用兵，熙寧二年（1069）嚴禁熟戶與西人私相博買，〔註114〕實施連坐法，以爲嚇阻，若有違者，經略司及官吏同罪。〔註115〕結果走私活動反倒更加猖獗，愈演愈烈，文彥博嘗上奏：

> 檢會累降指揮沿邊諸路經略安撫使嚴切禁止漢人與西界私相交易博買，非不丁寧。近訪聞諸路沿邊因循舊俗，不切禁止，常有蕃漢私相交易，蓋緣官司不遵守條貫，明行賞罰，是致全無畏避，及無人發摘告陳。〔註116〕

熙寧三年（1070）四月，又詔禁止邊民私與西夏互市。〔註117〕然走私猖獗，甚至影響宋夏雙方議立和市談判。〔註118〕元豐四年（1081）五路出兵大舉伐夏，斷絕和市與歲賜，六年（1083）閏六月西夏上表請和，許通常貢，歲賜如舊。〔註119〕但因沿邊走私未絕，夏國未以時入貢，遂詔沿邊經略司申飭法令，毋得私縱。〔註120〕可見每當宋廷關閉和市，止絕進貢時，走私活動隨之頻繁起來，甚至影響到雙方和議。

至於未能澈底戢止走私活動，原因有三：

1. 宋夏邊境蕃漢雜居，難以防制。例如：「延、慶二州熟戶，其親族在西界，輒私致音問，潛相貿易，夏人因以爲利。」〔註121〕

申條；卷四七〇，哲宗元祐七年二月丙辰條，卷四八一，哲宗元祐八年二月辛亥條。

〔註112〕《長編》卷九二，眞宗天禧二年六月壬辰條。

〔註113〕《宋史》卷四九二，〈外國八〉，吐蕃，頁14158。

〔註114〕《宋會要》，〈食貨〉三八之三一。

〔註115〕吳廣成，前引書，卷二二，頁7。

〔註116〕文彥博，前引書，卷一九，〈乞禁止漢人與西人私相交易〉，頁3。

〔註117〕《長編》卷二一〇，神宗熙寧三年四月壬午條。

〔註118〕《長編》卷二二七，神宗熙寧四年十月庚午條。

〔註119〕《宋史》卷四八六，〈外國二〉，夏國，頁14013、14014。

〔註120〕《長編》卷三四一，神宗元豐六年十二月壬辰條。

〔註121〕吳廣成，前引書，卷一〇，頁2。

2. 立法不嚴，邊帥未盡得人。司馬光曾上對付西夏二策，下策爲嚴禁私市，迫其屈服，再與西夏和好，卻亦指出「然禁市甚難，立法極嚴，又邊帥得人，然後能行。」〔註 122〕道出禁市失敗、走私猖獗癥結所在。
3. 西夏相脅。眞宗大中祥符二年（1009），環慶都鈐轄曹瑋鑒於趙德明多遣人齎違禁物，竊市於緣邊間道，發兵開浚慶州壕塹，以制止之，德明移牒質問，朝廷遂詔罷其役。〔註 123〕仁宗嘉祐年間，陝西諸路禁止私與西人貿易，西夏興師問罪，環慶路經略使施昌言涩於兵威，輒許私市。〔註 124〕

綜觀前述，走私情形十分普遍，可依交易對象，劃分成六種類型：1. 沿邊居民與西夏牙將走私。〔註 125〕2. 沿邊熟戶與西夏商人走私。〔註 126〕3. 沿邊居民與西夏貢使走私。〔註 127〕4. 沿邊居民私入西夏境內和市貿易。〔註 128〕5. 官吏在榷場內私自博買物色。〔註 129〕6. 沿邊主兵官與屬羌走私。〔註 130〕可見當時從事走私活動者，包括沿邊蕃漢居民及官吏，活動範圍，蕃漢境內皆有之，故走私具有相當規模，在宋夏貿易中不容忽視。

第二節　對西方諸國貿易

宋代國勢積弱，版圖疆域遠不逮漢、唐時期；且有遼、夏鼎立對峙，漢民族與西方諸國來往呈現一個新局面。

一、與西方諸國貿易概況

進貢亦是雙方來往貿易主要方式，茲將北宋一百六十七年間西方諸國向宋進貢情形列表，以明其概。

〔註 122〕《長編》卷三六五，哲宗元祐元年二月庚午條。
〔註 123〕《長編》卷七一，眞宗大中祥符二年三月庚辰條。
〔註 124〕司馬光，《溫國文正司馬文集》，卷五〇，〈論西夏劄子〉，頁 379。
〔註 125〕《宋會要》，〈食貨〉三八之二九。
〔註 126〕《宋會要》，〈食貨〉，三八之三一、三二。
〔註 127〕《長編》卷八四，眞宗大中祥符八年五月壬午條。
〔註 128〕《宋會要》，〈兵〉二七之六、七。
〔註 129〕《宋會要》，刑法二之二七。
〔註 130〕《長編》卷一二八，仁宗康定元年八月庚子條。

表十六：北宋時期西方諸國進貢統計表

帝號	年號	西曆紀年	年	月	日	進貢國家	進貢物色	資料出處	備註
太祖	建隆	961	二	十一	三	沙、瓜州	玉、鞍勒、馬	《宋會要》，〈蕃夷〉七之一	
				十二	十四	于闐	玉圭一，琉璃器二，胡錦一段	同上	
				十二		回鶻（甘州）		《長編》卷二，太祖建隆二年十二月壬辰條	
		962	三	四		西州回鶻	方物	《長編》卷三，太祖建隆三年四月庚子條	
	乾德	964	二	正	八	回鶻	玉、琥珀、犛牛尾、貂鼠皮	《宋會要》，〈蕃夷〉七之二	
		965	三	四	五	回鶻	方物	同上	
				五		于闐		《長編》卷六，太祖乾德三年五月壬辰條	貢使爲蕃僧，來朝。
				十一	七	西州回鶻	佛牙、琉璃器、琥珀盞	《宋會要》，〈蕃夷〉七之三	
				十二	十二	甘州回鶻、瓜、沙州	馬、橐馳、玉、琥珀	同上	
太祖	乾德	966	四	二		于闐	方物	《長編》卷七，太祖乾德四年二月丙辰條	
						回鶻		《玉海》，卷一五四	
						韃靼	方物	《宋朝事實》，卷十二，〈儀注二〉	
	開寶	968	元	十一	廿二	回鶻、于闐	回鶻貢馬、于闐貢玉	《宋會要》，〈蕃夷〉七之三	進貢物色見《玉海》，卷一五四
		969	二	十一		回鶻、于闐	方物（回鶻一硇砂）	《長編》卷一〇，太祖開寶二年十一月庚申條	
						塔坦（韃靼）		同上	

		970	三			回鶻	駞馬	《宋朝事實》，卷十二，〈儀注二〉	
		971	四			于闐	疏勒舞象	《山堂羣書考索》，〈後集〉卷六四	貢使爲蕃僧。
太宗	太平興國	976	元	五		龜茲		《玉海》，卷一五四	
		977	二	閏二		回鶻	橐馳、名馬	《玉海》，卷一五四	
		978	三	三		沙州	玉盌、寶氈	《玉海》，卷一五四	
		980	五	閏三	廿六	甘、沙州回鶻	橐馳、名馬、珊瑚、玉	《宋會要》，〈蕃夷〉七之一〇	
		981	六	三	十一	高昌	方物	同上	
						韃靼	方物	《宋朝事實》，卷十二，〈儀注二〉	
		983	八			高昌、韃靼		《長編》卷二四，太宗太平興國八年條	
						沙州	方物	《宋朝事實》。卷十二，〈儀注二〉	
		984	九	五	三	西州回鶻、波斯外道		《宋會要》，〈蕃夷〉七之十一	
						龜茲	方物	《宋朝事實》，卷十二，〈儀注二〉	
	雍熙	987	四			回鶻（合羅川）	鍮石	《宋朝事實》，卷十二，〈儀注二〉	括弧內見《宋會要》，〈蕃夷〉四之二
	端拱	988	元			回鶻（賀蘭山）		《宋會要》，蕃夷四之二	
太宗	淳化	991	二			沙州	良玉、舍利	《宋朝事實》，卷十二，〈儀注二〉	
	至道	995	元	三		沙州	方物	同上	
				五		沙洲	方物	同上	
		996	二			回鶻（甘州）	方物	同上	

眞宗	咸平	998	元	四	九	甘州回鶻		《宋會要》,〈蕃夷〉七之十三	貢使爲蕃僧。
		999	二	二	十五	沙州	美玉、良馬	《宋會要》，蕃夷七之十四	
		1000	三	六		甘州回鶻	方物	《長編》卷四七,眞宗咸平三年六月乙亥條	
		1001	四	二		龜茲	玉勒馬、名馬、獨峯橐駞、寶刀、琉璃器	《玉海》，卷一五四	
				四	十五	回鶻	玉鞍、名馬、獨峯、無峯橐駞、賓鐵劍甲、琉璃器	《宋會要》,〈蕃夷〉七之十四	
				十一	八	龜茲		同上	
		1002	五	八	十一	沙州		同上	
		1003	六	十一		龜茲		《玉海》，卷一五四	
	景德	1004	元	四		回鶻		同上	
				五	十	西州、龜茲回紇		《宋會要》,〈蕃夷〉七之十五	
					廿四	沙州		同上	
				六		西州回鶻		同上	
						龜茲	方物	《宋朝事實》，卷十二,〈儀注二〉	
				九		回鶻	方物	同上	
				閏九		回鶻	戰馬	同上	
		1005	二	四		瓜、沙州	良玉、名馬	《玉海》，卷一五四	
		1007	四	五		瓜、沙州	玉印、名馬	同上	
				十		甘州回鶻	馬十四	《長編》卷六七,眞宗景德四年十月戊午條	
						甘州回鶻	馬十五匹	同上	貢使爲蕃僧,欲於京城建佛寺，不許。

眞宗	大中祥符	1008	元	四		回鶻		《玉海》，卷一五四	
				十一	十二	甘州回鶻		《宋會要》，〈蕃夷〉七之十七	賀東封。
		1009	二	三		于闐	方物	《長編》卷七一，眞宗大中符二年三月己巳條	
		1010	三	閏二	廿一	龜茲	良馬、獨峯橐駞、羱羊	《宋會要》，蕃夷七之十八	
				十一	六	甘州回鶻		《宋會要》，蕃夷四之四	貢使爲蕃僧。
				十一	二〇	甘州回鶻		《宋會要》，蕃夷七之十八	
		1011	四	二	十七	甘州回鶻		同上	
				四		回鶻（秦州）	玉帶	《長編》卷七五，眞宗大中祥符四年四月癸丑條	賀汾陰禮畢。
				八		甘州回鶻		《宋史》，卷八，〈眞宗本紀〉	奉表詣闕。
		1012	五	五	八	甘州回鶻	寶貨、橐駞、馬	《宋會要》，〈蕃夷〉七之十九	
				五	十四	甘州回鶻	玉一團、馬四疋	《宋會要》，〈蕃夷〉四之五	
				八		甘州回鶻	寶貨、橐駞、馬	《宋朝事實》，卷十二，〈儀注二〉	
		1013	六	十一	廿七	龜茲	玉六十團、橐駞、弓箭、鞍勒、香藥	《宋會要》，〈蕃夷〉七之十九	
				十二	三	回鶻	御馬	同上	
		1015	八	十一	十二	回鶻		《宋會要》，〈蕃夷〉七之二〇	
		1016	九	十二	九	甘州回鶻	馬、玉、香藥	《宋會要》，〈蕃夷〉七之二一	
	天禧	1017	元	四	廿六	龜茲	玉、馬、香藥	同上	
				六	廿九	龜茲	玉、鞍勒、馬	同上	賀先天節
		1018	二	二	二	甘州回鶻		同上	
		1019	三			回鶻		《玉海》，卷一五四	
		1020	四	十二		龜茲、甘州回鶻	龜茲貢大尾羊二	《長編》卷九六，眞宗天禧四年十二月丁亥條	

仁宗	乾興	1022	元	五		龜茲	佛骨、舍利、梵書	《長編》卷九八，眞宗乾興元年五月丙申條	貢使爲蕃僧。仁宗即位未改元。
	天聖	1023	元	五	廿九	甘州回鶻	方物	《宋會要》，〈蕃夷〉七之二二	
				九	十九	沙州、大食	方物	同上	
				閏九	廿二	沙州	乳香、硇砂、玉	同上	
		1024	二	三	十七	龜茲	獨峯駝五、香藥、雜物	同上	
				四		龜茲	橐駝、馬、玉	《玉海》，卷一五四	
				五		甘州回鶻	方物	《長編》卷一○二，仁宗天聖二年五月戊子條	
				六	六	甘州回鶻	馬、胡錦、白疊	《宋會要》，〈蕃夷〉七之二二	
						于闐	玉圭、玉帶、方物	《宋朝事實》，卷十二，〈儀注二〉	
		1025	三	二		龜茲、甘州回鶻	方物	《長編》卷一○三，仁宗天聖三年二月戊午條	
				三	十三	甘州回鶻	乳香、硇砂、琥珀、白玉、馬	《宋會要》，〈蕃夷〉七之二三	
					十八	回鶻（秦州）	馬	同上	貢使爲蕃僧，括弧內見《宋會要》，〈蕃夷〉四之八、九
				四		甘州回鶻	馬、乳香	《宋會要》，〈蕃夷〉四之九	
				十二	四	于闐	玉鞍轡、玉鞦轡、校具、白玉、胡錦、乳香、硇砂、獨峯駝	《宋會要》，〈蕃夷〉七之二三	
		1027	五	八	廿五	甘州回鶻	乳香、硇砂	同上	
		1028	六	二	十五	甘州回鶻	玉、琥珀、乳香	同上	
		1029	七	六	廿一	龜茲	方物	同上	

眞宗	天聖	1030	八	十一	十五	龜茲、沙州	龜茲貢玉帶，眞珠、玉越斧、團牌、花蕊布、金渡鐵甲、乳香、硇砂、馬、獨峯駞、大尾羊 沙州貢玉、玉版、玉鞦轡、黑玉、眞珠、乳香、硇砂、梧桐樑、黃礬、花蕊布、白褐、馬	《宋會要》，〈蕃夷〉七之二四	
		1031	九	正	十八	龜茲、沙州	龜茲貢硇砂、乳香、名馬 沙州貢珠、玉、名馬	同上	貢使有蕃僧。
	景祐	1037	四	正	九	龜茲、沙州	龜茲貢花蕊布、褐、乳香、硇砂、玉、獨峯駞、馬 沙州貢玉、牛、黃棊子、褐、綠黑皮、花蕊布、琥珀、乳香、硇砂、梧桐律、黃礬、名馬	《宋會要》，〈蕃夷〉七之二五	
				六		龜茲、沙州		《宋會要》，〈蕃夷〉五之三	
	康定	1040	元	四		龜茲、沙州		同上	
		1041	二	十一	十五	沙州北亭可汗	乳香、硇砂、名馬	《宋會要》，〈蕃夷〉七之二六	
	慶曆	1042	二	二		沙州北亭可汗		《宋會要》，〈蕃夷〉五之三	
	皇祐	1050	二	四	八	沙州	玉	《宋會要》，〈蕃夷〉七之二八	
				十		沙州	方物	《宋會要》，〈蕃夷〉五之三	
						西州（高昌）		《宋朝事實》，卷十二，〈儀注二〉	來朝。
		1051	三			沙州	方物	同上	
		1052	四	正		龜州、沙州		《玉海》，卷一五四	
				十	十二	沙州	方物	《宋會要》，〈蕃夷〉七之二九	

英宗	嘉祐	1063	八			于闐	方物	《宋朝事實》，卷十二，〈儀注二〉	英宗即位未改元
	治平	1064	元	正	廿一	于闐	獨峯駞	《宋會要》，蕃夷七之三一	
神宗	熙寧	1068	元	七	廿九	回鶻	方物	同上	
		1071	四	二	十四	于闐	珠、玉、珊瑚、翡翠、象牙、乳香、木香、琥珀、花蕊布、硇砂、龍鹽、藥物、鐵甲、馬	《宋會要》,〈蕃夷〉七之三二	
				九		龜茲		《玉海》，卷一五四	
		1072	五	二	二	龜茲	玉、象牙、翡翠、乳香、花蕊布、宿綾、硇砂、鐵甲、皮團牌、馬、刀、劍	《宋會要》,〈蕃夷〉七之三二	
				十二	廿六	于闐	玉、胡錦、玉鞦鞍轡、馬、乳香、木香、溫肭臍、金星石、花蕊布	《宋會要》,〈蕃夷〉七之三三	
		1073	六			于闐	方物	《宋朝事實》，卷十二，〈儀注二〉	
		1074	七	二	三	于闐	玉、乳香、水銀、安悉香、龍鹽、硇砂、琥珀、金星石	《宋會要》,〈蕃夷〉七之三三	
		1077	十	四	八	于闐	玉、胡錦、鞍轡、馬、乳香、木香、翡翠、琥珀、安悉香、龍鹽、雞舌香、胡香連	同上	
	元豐	1078	元	十	廿八	于闐	方物	《宋會要》,〈蕃夷〉七之三五	
		1080	三	正		于闐	方物	《長編》卷三〇二,神宗元豐三年正月辛卯條	
		1081	四	正		于闐	方物	《長編》卷三一一,神宗元豐四年正月十月己未條	

				十		拂菻	鞍馬、刀劍、珠	《長編》卷三一七，神宗元豐四年十月己未條	
神宗	元豐	1083	六	五	一	于闐	方物	《宋會要》，〈蕃夷〉七之三七	
		1084	七	十一	十二	于闐	馬、獅子	《宋會要》，〈蕃夷〉七之三八	十二月二日詔還獅子。
哲宗		1085	八	九	十八	于闐		同上	哲宗即位未改元
				十一		于闐	馬、獅子	《長編》卷三六一，神宗元豐八年十一月壬辰條	十二月詔還獅子。（《長編》卷三六二，神宗元豐八年十二月壬戌條）
	元祐	1086	元	十一	廿一	于闐		《宋會要》，〈蕃夷〉七之三八	
		1087	二	五	廿一	于闐		《宋會要》，〈蕃夷〉七之三九	
		1088	三			于闐		《宋史》，卷十七，〈哲宗本紀〉	
		1089	四	四	五	于闐		《宋會要》，〈蕃夷〉七之四〇	
				五	廿八	于闐	方物	同上	
				六	十四	邈黎		同上	
		1090	五	二	廿一	于闐	方物	同上	
		1091	六	二		于闐、拂菻		《長編》卷四五五，哲宗元祐六年二月庚子條	
				六		于闐	方物	《長編》卷四六〇，哲宗元祐六年六月己酉條	
				十二		拂菻		《長編》卷四六八，哲宗元祐六年十二月乙亥條	
		1092	七	十一	七	于闐		《宋會要》，〈蕃夷〉七之四一	
				十二		于闐		《玉海》，卷一五四	

哲宗	紹聖	1094	元	五	四	于闐		《宋會要》，〈蕃夷〉七之四一	
		1096	三	七	十四	于闐	方物	《宋會要》，〈蕃夷〉七之四二	
				十一	十一	于闐	方物	同上	
						龜茲師王國		《宋史》，卷十八，〈哲宗本紀〉	
		1097	四	二		于闐		同上	于闐攻夏人三州，遣使以告。
				四	三	于闐	方物	《宋會要》，〈蕃夷〉七之四二	
				十二		于闐	方物	《長編》卷四九三，哲宗紹聖四年十二月甲午條	
徽宗	崇寧	1103	二	四		于闐		《宋史》，卷十九，〈徽宗本紀〉	
	大觀	1107	元			于闐		《宋史》，卷二〇，〈徽宗本紀〉	
		1108	二			于闐		同上	
	政和	1117	七	正	八	于闐	方物	《宋會要》，〈蕃夷〉七之四四	貢使爲蕃僧。
		1118	八	八	八	于闐	方物	《宋會要》，〈蕃夷〉七之四四、四五	貢使爲蕃僧。
	宣和	1124	六			于闐		《宋史》，卷二二，〈徽宗本紀〉	

綜觀上表，以時間而言，仁宗明道元年至景祐三年（1032～1036）、慶曆三年至景祐元年（1043～1049）、皇祐五年至嘉祐七年（1053～1062）、哲宗元符元年至徽宗崇寧二年（1098～1102）、大觀三年至政和六年（1109～1116）、宣和元年至五年（1119～1123）等六個時期，中西貿易呈現中斷狀態，第一個時期主要受到西夏向河西地區用兵影響，第二個時期則是唃厮囉內部分裂，動盪不安，仁宗慶曆七年（1074）五月二十八日，臣僚報告瞎氈欲絕往來進

奉之路，〔註 131〕加上西夏趁機煽動所致。第三個時期是受到夏主諒祚與唃厮囉之間戰爭影響，雙方由仁宗嘉祐三年（1058）起，斷斷續續作戰，直到八年（1063）才暫告結束。〔註 132〕後三個時期主要與北宋取吐蕃、邈川、青唐等地，戰爭迭起，商業衰微有關。

以進貢國家而言，太祖至仁宗時期，以回鶻爲主。回鶻於唐武宗年間被黠戛斯擊破，分散各處，宋代時居住在甘、沙、西州一帶，已無昔日之盛。〔註 133〕成爲一商業民族，「蕃漢爲市者，非其人爲儈，則不能售價。」〔註 134〕其後，河西之地盡入西夏手中，回鶻勢力一蹶不振，遂不常進貢，由于闐取而代之。

于闐與中國關係密切，五代晉天福年間即遣使來貢，被冊封爲大寶于闐國王。〔註 135〕宋太祖建隆二年（961）遣使貢玉，始與宋廷接觸。從開寶四年至眞宗大中祥符二年（971～1009）三十八年中未見進貢，主要是西元十世紀左右黑汗王朝（哈喇汗王朝）崛起，因宗教信仰不同等因素，與于闐久戰不息，開寶四年（971）于闐僧人吉祥獻破疏勒所獲舞象，顯示于闐正處於戰爭狀態，頗有斬獲，其後戰爭可能日趨激烈，遂未來貢。〔註 136〕眞宗大中祥符二年（1009）三月再度來貢，已非原先大寶于闐國王政權，而是和罕王（《宋史》稱黑韓王）所遣貢使，且跪奏曰：「昔時道路常若剽劫，今自瓜沙抵于闐道路清謐，行旅如流。」〔註 137〕蓋戰爭已告結束，黑汗王朝控制西域南路，積極向外發展，遂成爲中西貿易重鎮。

在進貢物色方面，值得注意者有玉、香藥、硇砂、白氎布及馬五種。

（一）玉　多用在國朝禮器及乘輿服飾方面，〔註 138〕中國境內藍田（陝西藍田縣）、南陽（河南南陽縣）、日南等處雖產玉，惟宋代之玉主要來自于闐境內。〔註 139〕其「國城東有白玉河，西有綠玉河，次有爲烏玉河，……每

〔註 131〕《宋會要》，〈蕃夷〉六之三。
〔註 132〕吳廣成，前引書，卷二○，頁 1～3、11～13。
〔註 133〕《宋史》卷四九○，〈外國六〉，回鶻，頁 14114。
〔註 134〕洪皓，前引書，卷上，頁 1431。
〔註 135〕《宋史》卷四九○，〈外國六〉，于闐，頁 14106。
〔註 136〕殷晴，〈關于大寶于闐國的若干問題〉，收入在《新疆歷史論文續集》（烏魯木齊，新疆人民出版社，1982 年 6 月一版）頁 251～253。
〔註 137〕《長編》卷七一，眞宗大中祥符二年三月己巳條。
〔註 138〕張世南，前引書，卷五，頁 46。
〔註 139〕張世南，前引書，卷五，頁 45、46。

歲秋，國人取玉於河，謂之撈玉。」〔註 140〕太宗曾遣使至沙州招美玉入貢，以備車騎琮橫之用。〔註 141〕亦用來製作琮璧等九器。〔註 142〕此外回鶻、〔註 143〕龜茲〔註 144〕亦嘗貢玉。惟諸國所進貢之玉，品色低下，無異惡石，必須另差漢蕃賈販，厚許酬直，廣行收市，才得良玉，供製造祀器之用。〔註 145〕

（二）香藥　主產於于闐，爲其主要進貢物色。〔註 146〕甚至一次進貢將近十萬餘斤之記錄。〔註 147〕由於數量太多，宋廷要求減價收購，〔註 148〕又規定收購數量，〔註 149〕後不得不下詔禁止于闐香藥進奉及挾帶上京；并諸處交易。〔註 150〕此外龜茲亦嘗貢香藥，但數量遠遜於于闐。〔註 151〕

（三）硇砂　主產於高昌境內，王延德使高昌行程曾記載道：

> 北廷北山中出硇砂，山中嘗有煙氣涌起，無雲霧，至夕光燄若炬火，照見禽鼠皆赤。采者著木底鞵取之，皮者即焦，下有穴生青泥，出穴外即變爲砂石，土人取以治皮。〔註 152〕

除用作治皮外，還可作藥物使用。〔註 153〕宋初回鶻貢使嘗因硇砂交易與靈州地方官吏發生衝突。〔註 154〕後列爲由官方在榷場博買，〔註 155〕回鶻曾犯禁。〔註 156〕由前表所列進貢物色觀之，歷朝進貢硇砂不絕。

（四）白氎　即是棉花。其傳入西域時間很早，東漢時就已有棉織品，〔註 157〕高昌國在西元六世紀種棉織布十分普遍，〔註 158〕宋代回鶻屢次進貢

〔註 140〕《宋史》卷四九〇，〈外國六〉，于闐，頁 14106。
〔註 141〕《宋會要》，〈蕃夷〉四之二。
〔註 142〕《長編》卷一六八，仁宗皇祐二年五月丁亥條。
〔註 143〕《宋會要》，〈蕃夷〉四之一、二。
〔註 144〕《宋會要》，〈蕃夷〉四之一四、一五。
〔註 145〕《長編》卷三四七，神宗元豐七年七月己亥條。
〔註 146〕《宋史》卷四九〇，〈外國六〉，于闐，頁 14108。
〔註 147〕《宋會要》，〈蕃夷〉四之一六。
〔註 148〕《長編》卷二八五，神宗熙寧十年十月庚辰條。
〔註 149〕《長編》卷三〇三，神宗元豐三年三月乙丑條。
〔註 150〕《宋會要》，〈蕃夷〉四之一六。
〔註 151〕《宋會要》，〈蕃夷〉四之一四。
〔註 152〕《宋史》卷四九〇，〈外國六〉，高昌，頁 14113。
〔註 153〕洪邁，《容齋四筆》，卷三，〈雷公炮炙論〉：「癥塊者，以硇砂、硝石二味，乳鉢中研作粉，同煅了，酒服神効。」
〔註 154〕《長編》卷一〇，太祖開寶二年十一月庚申條。
〔註 155〕《宋史》卷一八六，〈食貨下八〉，互市舶法，頁 4563。
〔註 156〕《長編》卷八四，眞宗大中祥符八年五月壬午條。
〔註 157〕不著撰人，《中國農業史話》（臺北，明文書局，民國 71 年 10 月初版），頁

白氎，〔註159〕後在陝右地區種植木棉，〔註160〕惟宋代棉紡織不普遍，仍以絲織業爲主。

（五）馬　西方諸國飼馬之風頗盛，如高昌「地多馬，王及王后、太子各養馬，放牧平川中，彌亘百餘里，以毛色分別爲羣，莫知其數。」〔註161〕進貢馬匹自然爲數不少。〔註162〕哲宗時期于闐曾進馬，賜錢一百二十萬。〔註163〕蓋宋與對吐蕃用兵，喪失馬匹來源，因此西方諸國貢馬對北宋裨益不少。

西方諸國進貢時間，次數不定，有間歲、數歲入貢，如回鶻、于闐；有不常至，偶爾進貢，如龜茲、拂菻。〔註164〕初期貢使先至秦州，約定人數，依次解發赴闕，差引伴官押領，神宗熙寧年間，改由熙州解發。所進方物原本自雇庸人搬運，仁宗慶曆二年（1042）改令軍士傳送。〔註165〕沿途准予市易，〔註166〕惟香藥、硇砂之類，一律由官府專榷，〔註167〕禁止私下交易。〔註168〕

貢使至京師後，禮賓院負責回鶻朝貢館設及互市譯語之事，懷遠驛則掌理龜茲、于闐、瓜、沙州等國貢奉之事。〔註169〕所欲購物貨，除買於官庫外，餘悉與牙儈市人交易。〔註170〕後由市易司統籌買賣，〔註171〕卻造成許多不便，〔註172〕最後遂由市易司僅負責收買貢使所攜物貨，貢使所需物貨，任其

176、177。

〔註158〕魏徵、姚思廉，《梁書》（點校本，臺北，鼎文書局，民國69年3月三版），卷五四，〈高昌國條〉，頁811：「多草木，草實如璽，璽中絲如細纑，名爲白疊子，國人多取織以爲布，布甚軟白，交市用焉。」

〔註159〕《宋會要》，〈蕃夷〉四之二、八。

〔註160〕元、司農司，《農桑輯要》（四庫全書珍本別輯，台北、臺灣商務印書館影印，民國64年出版），卷二，〈論苧麻木棉〉，頁24。

〔註161〕《宋史》卷四九〇，〈外國六〉，高昌，頁14112。

〔註162〕《宋會要》，〈蕃夷〉四之三。

〔註163〕《長編》卷三六一，神宗元豐八年十一月壬寅條。

〔註164〕《宋史》卷一一九，〈禮二二〉，諸國進貢條，頁2813。

〔註165〕《長編》輯《永樂大典》卷一二三九九，仁宗慶曆二年正月庚辰條。

〔註166〕《長編》卷一〇，太祖開寶二年十一月庚申條。

〔註167〕《長編》卷五七，眞宗景德元年九月己未條；卷八四，眞宗大中祥符八年五月壬午條。

〔註168〕《宋會要》，〈蕃夷〉七之四三。

〔註169〕《宋史》卷一六五，〈職官五〉，源臚寺條，頁3903。

〔註170〕《長編》卷二九七，神宗元豐二年三月辛卯條。

〔註171〕《長編》卷二五二，神宗熙寧七年四月壬申條。

〔註172〕《長編》卷三四五，神宗元豐七年四月辛巳條。

自由交易。〔註173〕後期于闐進貢頻繁，規定唯有國王表章及方物者始聽赴闕，以毋過五十人爲限。〔註174〕旋又止別賜一次，間歲聽一入貢，其餘令在熙、秦州貿易，〔註175〕到闕停留不得超過百日，以防滯留不歸，〔註176〕另許不限赴闕人數。〔註177〕

北宋十分禮遇西方諸國進貢使臣，回賜優渥，眞宗大中祥符四年（1011）甘州回鶻進奉使翟符守榮等從祀汾陰禮畢，詔賜可汗王衣著五百匹、銀器五百兩、暈錦、旋襴、金腰帶；寶物公主衣著四百匹、銀器三百兩；左溫宰相衣著二百疋，銀器百兩；召見其使，又出御劄子，賜銀瓶器、金首飾。〔註178〕對于闐更是賜賚有加，下詔于闐進奉人買茶免稅，〔註179〕哲宗元祐二年（1087）規定其來朝，除回賜之外，不論有無進奉，悉加賜錢三十萬，〔註180〕又依神宗元豐八年（1085）例，賜金帶、錦袍、襲衣、器幣。〔註181〕此蓋宋朝運用「聯夷以制夷」之策略所致，目的在拉攏西方諸國，造成連橫之勢，牽制西夏，以減輕邊患威脅。〔註182〕神宗本人亦屢次向貢使詢問西域諸國形勢，以圖遠交之計。〔註183〕實際上此項拉攏牽制策略相當成功，西方諸國飽受西夏威脅，亦願合作，元豐七年（1084）韃靼聞西夏與宋搆兵，遂驅其眾抄掠甘州右廂監軍司所，〔註184〕哲宗元祐六年（1091）韃靼又趁著西夏梁葉普統領人馬赴麟、府州作過之際，率兵攻打賀蘭山後面婁博貝監軍司。〔註185〕八年（1093）于闐遣使進貢，請討夏國，西夏聞之，令瓜、沙諸州嚴兵以備，〔註186〕後出兵攻打瓜、沙、肅三州，頗令西夏頭痛。〔註187〕

〔註173〕《長編》卷三六九，哲宗元祐元年閏二月己酉條。
〔註174〕《宋會要》，〈蕃夷〉七之三五。
〔註175〕《宋會要》，〈蕃夷〉七之三九。
〔註176〕《長編》卷四三四，哲宗元祐四年十月己亥條。
〔註177〕《宋會要》，〈蕃夷〉七之四一、四二。
〔註178〕《宋會要》，〈蕃夷〉四之五。
〔註179〕《長編》卷二九〇，神宗元豐元年六月辛亥條。
〔註180〕《長編》卷三九四，哲宗元祐二年正月乙丑條。
〔註181〕《長編》卷三九五，哲宗元祐二年二月丁酉條。
〔註182〕《長編》卷三四六，神宗元豐七年六月己巳條。
〔註183〕《宋會要》，〈蕃夷〉四之一七；《長編》卷三三一，神宗元豐六年十二月丙子條。
〔註184〕吳廣成，前引書，卷二七，頁1、2。
〔註185〕《長編》卷四七一，哲宗元祐七年三月丙戌條。
〔註186〕《宋史》卷四九〇，〈外國六〉，于闐，頁14109；吳廣成，前引書，卷二九，頁12。
〔註187〕《宋會要》，〈蕃夷〉四之一八。

當時有不少貢使、商賈利用進貢機會，久留不歸，眞、仁宗二朝，回鶻人在秦、隴之間定居者頗多，〔註 188〕後來愈演愈烈，至徽宗宣和年間，散行陝西諸路，公然貨易，〔註 189〕彼等所齎貨物，多者有至十萬餘緡，少者亦不減五、七萬緡，多係禁物，與民間私相交易。〔註 190〕另外尚有久住西京、京師不返者。〔註 191〕此一方面影響宋代經濟，例如：在汴京從事質舉借貸活動，〔註 192〕眞宗大中祥符元年（1008）京師金銀價貴，即與回鶻大量收購有關。〔註 193〕另一方面則影響國家安全，大臣們因「恐習知沿邊事害，及往來夏國傳播不便」，嘗乞嚴立發禁，〔註 194〕但情形日益嚴重，徽宗崇寧元年（1101）鑒於「西北細人甚多，伺察本朝事端」，迫使下詔重賞緝捕。〔註 195〕

二、遼、夏對於宋與西方諸國貿易之影響

宋、遼、夏三雄鼎立，自然對於宋與西方諸國往來有相當程度影響。遼十分重視與西方諸國關係，設有阿薩蘭回鶻、甘州回鶻、高昌國大王府、回鶻國單于府、沙州回鶻燉煌郡王府、于闐國王府羈縻之。〔註 196〕回鶻向其進貢十分頻繁，亦「多爲商賈于燕」，〔註 197〕留居上京者，遼特在南門之東設「回鶻營」安置。〔註 198〕其中與高昌關係尤爲密切，遂在高昌境內設立互市，以通西北諸部之貨。〔註 199〕高昌每三年進貢一次，獻玉、珠、乳香、斜合黑皮、褐黑絲等，其與遼之互市，由國主親自與遼主評價。〔註 200〕王延德出使高昌，

〔註 188〕《長編》卷七五，眞宗大中祥符四年四月癸丑條；卷一一一，仁宗明道元年七月甲戌條。

〔註 189〕《宋會要》，〈蕃夷〉四之九。

〔註 190〕李復，前引書，卷一，〈乞置榷場〉，頁 7。

〔註 191〕《宋會要》，〈蕃夷〉四之三。

〔註 192〕《長編》卷七二，眞宗大中祥符二年八月甲辰條。佐藤圭四郎，〈北宋時代における回紇商人の東漸〉，收入〈星博士退官紀念中國史論集〉（山形，日本山形市山形大學，1978 年 1 月 28 日發行），頁 98。

〔註 193〕《長編》卷六八，眞宗大中祥符元年正月乙亥條。

〔註 194〕《宋會要》，〈蕃夷〉四之九。

〔註 195〕《宋會要》，〈兵〉二九之一。

〔註 196〕《遼史》卷四六，〈百官志二〉，頁 757、758。

〔註 197〕洪皓，前引書，卷上，頁 1430。

〔註 198〕《遼史》卷三七，〈地理志一〉，頁 441。

〔註 199〕《遼史》卷六〇，〈食貨志下〉，頁 929。

〔註 200〕葉隆禮，前引書，卷二十六，〈高昌國條〉，頁 2。

契丹聞之，亦遣使尾隨而至。〔註 201〕遼對西方積極經營，成效不錯，王日蔚先生根據《遼史》〈本紀〉統計，遼二百十九年中，回鶻共計進貢六十四次，其中以聖宗在位四十八年間（983～1030）來貢二十六次，最爲頻繁，平均不及二年即貢奉一次。〔註 202〕對照西方諸國向宋進貢統計表所列，同一時期回鶻向宋進貢亦相當頻繁。呂陶奉使契丹回國嘗上奏云：

> 臣奉使過燕京，見數回紇立於道傍，指郝惟立而言：「却是郝使來。」蓋惟立嘗押伴拂菻諸蠻，所以有認識者。又過中京，見數回紇。臣問蕭奭：「回紇來此，是進奉或買賣？」奭云：「回紇有數州屬本朝，常來進奉，亦非時常來買賣。」臣竊思之，回紇既有數州隸屬北界，常至彼處，貢奉不缺，則往來之迹不疏，一日見中國使人便能識認。若爲北人所遣，令至本朝，以進奉爲名探問事意，或與北人混雜至，同爲姦僞；或有小人因緣爲姦，別致漏露，安可防緣？〔註 203〕

由報告及次數統計比較，反映出回鶻周旋於宋遼之間，往來進貢或買賣，形成一種三角貿易型態。

西夏對於宋與西方諸國來往威脅更大，前述第二章交通運輸一節中，論及因受西夏崛起影響，中西交通要道南移，取道吐蕃境內。但西夏仍不時騷擾，圖謀暴利，哲宗紹聖四年（1097）于闐不堪其擾，遂發兵攻打夏國瓜、沙、肅三州。〔註 204〕此外，吐蕃亦常侵襲邀留，動輒關閉諸國朝貢通道，襲奪貢奉般次〔註 205〕且對沿途過客打撲。〔註 206〕地理上亦不易通行，以蘭州京玉關（甘肅皋蘭縣西北四十五里）至通湟寨（甘肅樂都縣東），入湟州（甘肅樂都縣）爲例，可謂倍極艱辛。李復嘗言：

> 路經巴咱爾宗，其路極深，峻窄險滑，濶不及二尺，陡臨宗河（又名宗哥川，今名南川河），般販斛斗客畏其難行，頭畜脚乘盡由宗河北路過往，北路是夏國生界，三處有賊馬來路，又近夏國斡珠爾城，溝谷屈曲，賊馬隱伏不測，出入抄掠，前後被患已十餘次，緣客旅

〔註 201〕《宋史》卷四六〇，〈外國六〉，高昌，頁 14113。

〔註 202〕王日蔚，〈契丹與回鶻關係考〉（《禹貢半月刊》，四卷八期，民國 24 年 12 月 16 日出版），頁 7～10。

〔註 203〕呂陶，《淨德集》（四庫全書珍本別輯，臺北，臺灣商務印書館影印，民國 64 年出版），卷五，〈又奉使契丹回上殿劄子〉，頁 17。

〔註 204〕《宋會要》，〈蕃夷〉四之一八。

〔註 205〕《宋史》卷四九二，〈外國八〉，吐蕃，頁 14163、14164。

〔註 206〕《長編》卷二三三，神宗熙寧五年五月癸未條。

往來通湟寨、京玉關四十餘里，中途倉皇南北，奔趨不及，遂被殺虜。〔註 207〕

縱然如此，此條通道仍爲中西交通主要孔道。西方貢使不辭辛勞，不畏艱難，絡繹於途，主要是在當時宋代經濟發達，獨步全球，〔註 208〕宋廷又積極拉攏，企圖牽制西夏，貢使商賈自然被吸引而來。

第三節　對沿邊羌族貿易

北宋西北沿邊散佈著吐蕃、党項等羌族，政治上宋廷採取「以夷制夷」政策，拉攏諸羌族，打擊西夏。經濟上彼邦必須倚賴內地供應，而其馬匹又是宋廷所迫切需要，故二者相互利用，關係密切，來往貿易特盛，茲試從堡寨、馬匹二方面來分析探討。

附圖九　宋代之軍塞堡圖

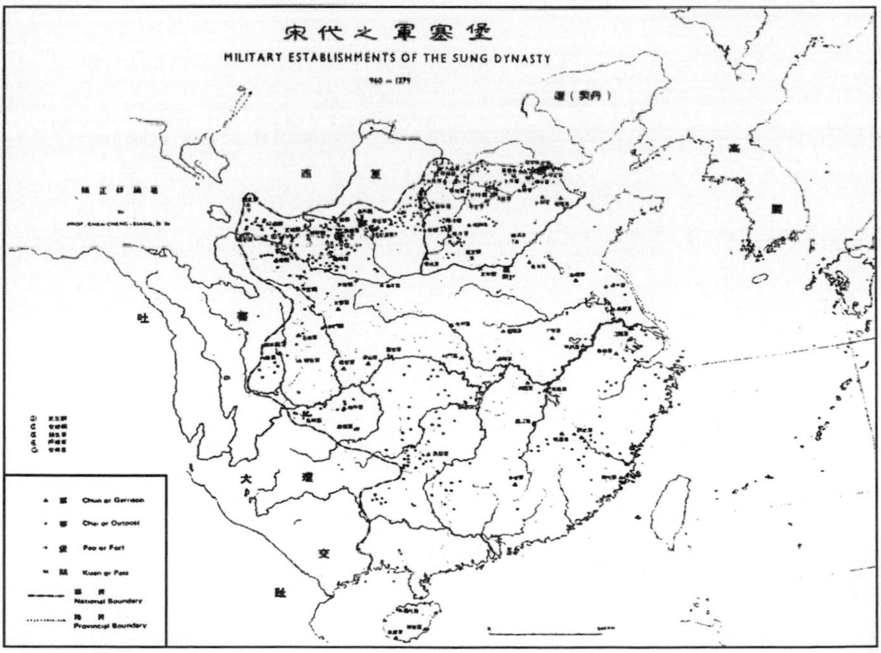

註：本圖採自陳正祥，《中國文化地理》，圖二十八，頁 83～84 間。

〔註 207〕李復，前引書，卷一，〈乞於阿密鄂特置烽臺〉，頁 13。

〔註 208〕全漢昇，〈略論宋代經濟的進步〉，收入氏著，《中國經濟史研究中冊》（香港，新亞研究所，1976 年 3 月出版），頁 159～161。

一、堡寨與對沿邊羌族貿易

堡寨是泛指城、寨、堡、關、鋪、砦等行政區劃，宋於全國沿邊各地設置堡寨，北宋時期以陝西路設立最多。根據《宋會要》記載，最早設置之堡寨爲太祖建隆二年（961）在秦鳳路通遠軍（環州）所修築之永寧寨。〔註209〕堡寨之規模，通常寨之大者，城圍九百步，小者五百步；堡之大者，城圍二百步，小者一百步；〔註210〕惟亦有一千二百、八百、六百步之城寨。〔註211〕主要偏重於軍事、政治方面，以神宗爲界，此前修築堡寨皆在境內，目的在於扼賊馬來路，使糧道暢通無阻，保護耕農等等，是一種防禦態勢。〔註212〕神宗熙寧用兵後，採取拓邊政策，所修築堡寨大都在境外，深入敵境，是一種攻擊態勢。〔註213〕在經濟方面，由於宋廷對沿邊羌族採取「聽與民通市」政策，〔註214〕堡寨自然成爲蕃漢來往貿易重鎮，可由下列四端說明之。

（一）根據神宗熙寧十年（1077）堡寨商稅額占陝西商稅額比例，列表說明如下：

表十七：神宗熙寧十年（1077）陝西路堡寨商稅額統計表

路名	府州軍名	熙寧十年商稅額	堡寨名	熙寧十年商稅額（以貫爲單位）	堡寨熙寧十年商稅額合計	百分比
永興軍路	京兆府	82,568				
	河中府	31,012				
	陝　州	42,505				
	延　州	26,451	青澗城	2,350		
			承寧關	664		
			萬安寨	282		
			金明寨	83		
			永平寨	618		
			順安寨	210		
			丹頭寨	659		

〔註209〕《宋會要》，〈方域〉一八之一四。
〔註210〕《長編》卷三二八，神宗元豐五年七月戊子條。
〔註211〕《宋會要》，〈方域〉一九之五。
〔註212〕趙汝愚，前引書，卷一二一，蔡襄，〈上仁宗論兵九事〉，頁3。
〔註213〕《長編》卷四七〇，哲宗元祐二年七月丁卯條。
〔註214〕宋史一八六，〈食貨下八〉，互市舶法，頁4564。

			招安寨	219	7,857	29.70%
			新安寨	249		
			懷寧寨	727		
			綏平寨	498		
			白華寨	297		
			安定堡	441		
			安塞堡	405		
			黑水堡	155		
永興軍路	同　州	24,964				
	華　州	29,466				
	耀　州	30,354				
	邠　州	17,642				
	鄜　州	8,737				
	解　州	25,514				
	商　州	20,264				
	寧　州	13,150				
	坊　州	5,256				
	丹　州	2,603	烏仁關	34	34	1.30%
	環　州	9,708	大拔寨	97	2,116	21.79%
			安塞寨	239		
			洪德寨	103		
			肅遠寨	139		
			圍保寨	345		
			平遠寨	295		
			永和寨	355		
			定邊寨	462		
			烏崙寨	81		
	保安軍	3,236	德靖寨	676	1,435	44.34%
			順寧寨	489		
			園林堡	270		

秦鳳路	鳳翔府	54,357				
	秦　州	90,658	伏羌城 三陽寨 弓門寨 定西寨 隴城寨 冶坊寨	3,084 244 390 88 462 134	4,402	4.85%
	涇　州	16,541	長武寨	1,217	1,217	7.35%
	熙　州	3,600				
	隴　州	19,965				
	成　州	9,625				
	鳳　州	51,370				
	岷　州	6,646				
	渭　州	21,114	西赤城 凡亭寨	492 1,505	1,997	9.45%
秦鳳路	原　州	10,601	開邊寨 綏寧寨 西濠寨 靖安寨 平安寨	1,499 597 287 494 1,260	4,137	39.02%
	階　州	21,771				
	河　州	無定額				
	鎮戎軍	6,369	天聖寨 東山寨 乾興寨 開遠堡 張義堡	532 1,479 406 376 未有額	2,793	43.85%
	德順軍	14,587	水洛城 靜邊寨 隆德寨 得勝寨 通邊寨 治平寨 中安堡	5,059 2,105 1,188 389 346 769 225	10,758	73.75%

		威戎堡	496		
		麻家堡	181		
通遠軍	10,604	永寧寨	5,832	7,255	68.41%
		寧遠寨	1,423		
總　計	710,858			43,967	6.18%

堡寨商稅總額爲四三、九六七貫，占全路百分之六點一八，似乎微不足道。但就個別區域而言，環州堡寨商稅額占其全州百分之二一點七九，延州百分之二九點七〇，原州百分之三九點零二，鎮戎軍百分之四三點八五，通遠、德順二軍甚至高達六、七成以上，前者爲百分之六八點四一，後者爲百分之七三點七五，顯示堡寨在緣邊貿易重要性。

（二）有不少堡寨原爲蕃漢互市之地，例如：渭州隴干城位於六盤山外，形勢險要，內爲渭州蕃離，外爲秦隴襟帶，蕃漢聚集交易，市井富庶，全勝於近邊州郡。〔註215〕延安、慶陽之間金湯、白豹堡塞爲蕃漢交易之市，商旅往來，物貨叢聚。〔註216〕同時堡寨大都扼地形險阻及交通要道，得四通八達之地利，貿易往來自然繁榮。

（三）修建堡寨，花費龐大，以熙河路爲例，神宗熙寧八年（1075）二月十六日至十月五日，熙州開濠二十六萬八千餘工，董多谷堡、五牟谷堡各六萬二千餘工，北開堡十四萬九千餘工，通遠軍三面城壁，除差役外，有三十七萬七千餘工，南川堡八萬七千餘工，摻湯堡六萬五千餘工，珂斫關五萬九千餘工，多能谷堡九萬四千餘工，安鄉城十八萬工，共計六十萬餘工。〔註217〕政府嘗下詔減省堡寨費用，以免傷財疲力。〔註218〕但堡寨數目有增無減，秦鳳、鄜延、涇原、環慶并代五路在仁宗嘉祐年間有一一二座堡寨，神宗熙寧年間爲二一二座，元豐年間再增至二七四座；另外熙河有三十一座。〔註219〕哲宗紹聖年間又進築五十餘座，〔註220〕徽宗崇寧以後，所建州、軍、關、城、砦、堡，紛然莫可勝紀。〔註221〕完工之後，屯戍軍馬芻粟、經費

〔註215〕《宋會要》，〈兵〉二七之二九至三一。
〔註216〕趙汝愚，前引書，卷一三三，范仲淹，〈上仁宗再議攻守〉，頁18。
〔註217〕《宋會要》，〈兵〉二八之十七、十八。
〔註218〕《宋會要》，〈方域〉一九之七。
〔註219〕曾鞏，《元豐類藁》，卷三〇，〈請減五路城堡〉，頁212。
〔註220〕《長編》卷五二〇，哲宗元符三年正月壬辰條。
〔註221〕《宋史》卷八五，〈地理一〉，頁2096。

及有功官員犒勞，較興建時花費尤有過之，國家負擔沈重，財政困難，因此堡寨必須自行籌措費用。种世衡築青澗城，嘗「募商賈，使通其貨，或先貸之本，速其流轉，歲時間其息十倍。」使得城中芻糧、錢幣、軍需城守之具不煩外計，自給自足。〔註 222〕此外，許民修舍納租錢，〔註 223〕創置酒稅場課利，〔註 224〕設有酒稅務官負責，〔註 225〕凡此皆為力求自足自給經濟活動，自然促進堡商業繁榮，成為沿邊交易重要中心。

（四）堡寨很早就成為漢蕃和市中心，太宗淳化三年（992）嘗詔：

> 如是蕃人將到物色入漢界買博，一准先降宣命，並令漢戶、牙人等於城寨內商量和買。〔註 226〕

商賈極力提倡修築堡寨，冀求「於新城內射地土居住，取便與蕃部交易。」〔註 227〕由於許多漢戶在堡寨內外居住，朝廷不得不下詔約束，無令超過百戶。〔註 228〕除坐賈之外，不少客商往來穿梭堡寨間，嘗有蕃官請於來遠寨修置佛寺，以館往來市馬之人。〔註 229〕堡寨在沿邊蕃漢互市之重要性應毋庸置疑。

關於堡寨貿易活動情形，史料零散，僅能略知一二，有從事馬匹交易，例如：秦州永寧寨為以鈔市券馬之處。〔註 230〕有置酒場，聽蕃部自募人打撲，例如：熙州新置堡寨。〔註 231〕有置市易司勾攔商旅物貨，例如：鹽川寨。〔註 232〕為解決軍糈，置市糴場，廣行收糴，例如：德順軍靜邊寨。〔註 233〕買賣茶場，進行茶馬貿易，例如：熙州寧河寨、渭州瓦亭寨等處。〔註 234〕允許蕃部大首領在堡寨內置津渡，以通蕃族互市。〔註 235〕商人經過堡寨，徵收過稅（打撲），

〔註 222〕范仲淹，前引書，卷十三，〈東染院种君（种世衡）墓誌銘〉，頁 112。
〔註 223〕《宋會要》，〈方域〉一九之一、二。
〔註 224〕《宋會要》，〈方域〉一九之六、七。
〔註 225〕《宋會要》，〈方域〉一九之六。
〔註 226〕《宋會要》，〈兵〉二七之二三。
〔註 227〕《長編》卷一四九，仁宗慶曆四年五月壬戌條。
〔註 228〕《宋會要》，〈方域〉一九之三。
〔註 229〕《長編》卷一〇三，仁宗天聖三年十月庚申條。
〔註 230〕《宋會要》，〈食貨〉六七之一、二。
〔註 231〕《長編》卷二四二，神宗熙寧六年正月己卯條。
〔註 232〕《宋會要》，〈食貨〉三七之二七、二八。
〔註 233〕《長編》卷三八五，哲宗元祐元年八月乙未條。
〔註 234〕《宋會要》，〈食貨〉二九之一四、一五。
〔註 235〕《宋會要》，〈食貨〉三七之二。

入中芻糧則免，但獲利仍極厚。〔註236〕蕃客入漢地買賣，回日令沿邊堡寨搜檢，不得帶錢入蕃。〔註237〕因此堡寨具有稅場及檢查哨功能。

除商人貿易活動之外，堡寨官員常濫用職權介入其中，以規財利，多受親故囑託，將物貨予蕃官，責限取直，倍稱其利，蕃族首領亦因從中圖利，皆樂爲之，受害者爲蕃族下之散戶。〔註238〕此外，蕃漢交易往往採行立限賒買，借貸出典方式，〔註239〕或詐其秤，物值增減與漢價不類，〔註240〕滋生不少糾紛。

至於堡寨與城鎮興起關係亦密切，以古渭寨爲例，仁宗皇祐四年（1052）置寨，〔註241〕至和元年（1054）十一月修築畢工。〔註242〕神宗熙寧五年（1072）改古渭寨爲通遠軍，以爲開拓之漸。〔註243〕徽宗崇寧三年（1104）升爲鞏州。〔註244〕類以例子不勝枚舉，無法贅敍；但本區此種情形發生大都基於政治、軍事上的考慮，與經濟較少關聯。

二、馬匹與對沿邊羌族貿易

國之大事在祀與戎，戎事之中，馬政爲重。〔註245〕宋代喪失冀北燕代產馬之地，加上宋遼邊境地勢平坦，適合騎馬作戰，故對馬匹需求更爲殷切。〔註246〕其獲得馬匹途徑有三：一爲取自外夷，謂之市馬；二爲來自官府，謂之牧馬；三爲養於民間，謂之保馬或戶馬。牧馬無適合地區，廣占良田，〔註247〕費用龐大，不甚經濟，〔註248〕所牧出馬匹多不精，政府政策搖擺不定，時斷時續，漸趨式微。保馬立意甚善，寓馬於民，神宗熙寧五年（1072）

〔註236〕《長編》卷二八九，神宗元豐元年五月甲戌條。
〔註237〕《宋會要》，刑法二之三七。
〔註238〕《宋會要》，〈兵〉二八之六。
〔註239〕《宋會要》，〈兵〉二七之二二至二四。
〔註240〕柳開，《河東先生集》（四部叢刊正編，上海涵芬樓景印舊鈔本，臺北，臺灣商務印書館影印，民國68年11月臺一版），卷一六，〈柳公行狀〉，頁101、102。
〔註241〕王存，前引書，卷三，頁167。
〔註242〕《長編》卷一七七，仁宗至和元年十一月己巳條。
〔註243〕《長編》卷二三三，神宗熙寧五年五月辛巳條。
〔註244〕《宋史》卷八七，〈地理三〉，頁2164。
〔註245〕趙汝愚，前引書，卷一二五，文彥博，〈上神宗論馬監不可廢〉，頁15。
〔註246〕趙汝愚，前引書，卷一二五，李覺，〈上太宗論自古馬皆生於中國〉，頁10。
〔註247〕包拯，前引書，卷七，〈請將邢洛州牧馬地給與人户依舊耕佃〉，頁89、90。
〔註248〕《宋會要》，〈兵〉二四之一五、一六。

實行，後騷擾民間，哲宗即位初遂罷之。〔註 249〕戶馬於神宗元豐三年（1080）春實施，七年（1084）調戶馬配兵，不復補充，故亦廢之，〔註 250〕因此北宋馬匹主要來自市於外夷。

中國市馬於塞外歷史甚早，起源已無可考，漢代嘗出縑帛買馬塞外。〔註 251〕宋因受遼夏作梗，無匹馬南下或鬻于邊郡，只得專仰於沿邊羌族及西方諸國。〔註 252〕而沿邊諸羌惟恃賣馬獲利，〔註 253〕又可招來蕃部，以示羈縻；兼窺伺敵情，〔註 254〕一舉數得，所以馬匹貿易是對沿邊羌族貿易中重要之一環。

北宋市馬方式有二種，（一）爲招馬，根據《長編》卷四三，眞宗咸平元年（998）十一月戊辰條云：

> 招馬之處，秦、渭、階、文之吐蕃、回紇；麟、府之党項；豐州之藏擦勒族；環州之巴特、瑪家、保家、密什克族；涇、儀、延、鄜、火山、保德、保安軍、唐龍鎭、制勝關之諸蕃，每歲皆給以空名敕書，委緣邊長吏擇牙吏入蕃招募，詣京師，至則估馬司定其直，三十五千至八千，凡二十三等；其蕃部又有直進者，自七十五千至二十七千，凡三等；有獻尚乘者，自百一十千至六十千，亦三等。

當時招馬對象遍及沿邊諸羌及西方諸國，以陝西、河東二路州軍負責招募。招馬情形可從沿邊羌族進貢略見端倪，茲將沿邊羌族進貢列表明之。

表十八：沿邊羌族向北宋進貢統計表

帝號	時間					進貢部族	進貢物色	資料出處	備註
	年號	西曆紀年	年	月	日				
太	建隆	961	二			靈武五部	橐駞、良馬	《宋史》，卷四九二，〈吐蕃〉	
祖	乾德	967	五			西涼府	馬	同上	

〔註 249〕《宋史》卷一九八，〈兵十二〉，頁 4948。

〔註 250〕同前註。

〔註 251〕程大昌，《程氏演蕃露殘本》（四部叢刊廣編，盧江劉氏遠碧樓藏宋刊本，臺北，臺灣商務印書館影印，民國 70 年 2 月初版），卷五，〈市馬〉，頁 33。

〔註 252〕《長編》卷四四，眞宗咸平二年六月戊午條。

〔註 253〕《長編》卷五一，眞宗咸平五年三月癸亥條。

〔註 254〕《宋會要》，〈兵〉二二之四。

<table>
<tr><td rowspan="12">太宗</td><td rowspan="4">太平興國</td><td>981</td><td>六</td><td></td><td></td><td>府州外浪族</td><td>馬</td><td>《玉海》，卷一五四</td><td></td></tr>
<tr><td>982</td><td>七</td><td></td><td></td><td>豐州</td><td>良馬</td><td>《宋會要》，〈蕃夷〉七之一一</td><td></td></tr>
<tr><td>983</td><td>八</td><td>九</td><td>十八</td><td>吐蕃諸戎</td><td>名馬</td><td>同上</td><td></td></tr>
<tr><td>984</td><td>九</td><td></td><td></td><td>吐蕃</td><td>羊、馬</td><td>《宋朝事實》，卷十二，〈儀注二〉</td><td></td></tr>
<tr><td rowspan="8">淳化</td><td>991</td><td>二</td><td></td><td></td><td>西涼府</td><td></td><td>《宋會要》，〈方域〉二一之一五</td><td></td></tr>
<tr><td rowspan="3">993</td><td rowspan="3">四</td><td>正</td><td></td><td>藏才西族</td><td>良馬</td><td>《宋史》，卷五，〈太宗本紀〉</td><td></td></tr>
<tr><td>三</td><td></td><td>直蕩族、子河汊</td><td></td><td>《宋史》，卷四九一，〈党項〉</td><td></td></tr>
<tr><td>十二</td><td></td><td>鹽州戎人</td><td>馬</td><td>《宋會要》，〈蕃夷〉七之一三</td><td></td></tr>
<tr><td rowspan="4">994</td><td rowspan="4">五</td><td>四</td><td></td><td>遨二族、藏才東族</td><td></td><td>《宋史》，卷四九一，〈党項〉</td><td></td></tr>
<tr><td></td><td></td><td>折平、六谷諸族</td><td>馬千餘匹</td><td>《宋史》，卷四九二，〈吐蕃〉</td><td></td></tr>
<tr><td></td><td></td><td>西涼府、都羅族</td><td>馬</td><td>《宋會要》，〈方域〉二一之一五</td><td></td></tr>
<tr><td></td><td></td><td>党項</td><td></td><td>《宋朝事實》，卷十二，〈儀注二〉</td><td></td></tr>
<tr><td rowspan="4">太宗</td><td rowspan="4">至道</td><td>995</td><td>元</td><td>正</td><td></td><td>涼州</td><td>良馬</td><td>《宋會要》，〈方域〉二一之一五</td><td></td></tr>
<tr><td rowspan="2">996</td><td rowspan="2">二</td><td>六</td><td></td><td>勒浪族</td><td>馬七匹</td><td>《宋史》，卷四九一，〈党項〉</td><td></td></tr>
<tr><td>七</td><td></td><td>西涼吐蕃六谷眾部</td><td>名馬</td><td>《宋會要》，〈方域〉二一之一五</td><td>來朝</td></tr>
<tr><td>997</td><td>三</td><td>二</td><td></td><td>泥巾族</td><td>馬</td><td>《宋史》，卷四九一，〈党項〉</td><td></td></tr>
<tr><td rowspan="6">眞宗</td><td rowspan="6">咸平</td><td rowspan="6">998</td><td rowspan="6">元</td><td>三</td><td></td><td>熟倉族</td><td></td><td>同上</td><td></td></tr>
<tr><td>七</td><td></td><td>党項</td><td>馬</td><td>《宋朝事實》，卷十二，〈儀注二〉</td><td></td></tr>
<tr><td>十</td><td></td><td>兀泥族</td><td></td><td>《宋史》，卷四九一，〈党項〉</td><td></td></tr>
<tr><td>十一</td><td>一</td><td>河西軍（涼州）</td><td>馬二千匹</td><td>《宋會要》，〈方域〉二一之二五、二六</td><td></td></tr>
<tr><td></td><td></td><td>吐蕃諸族、勒浪十六府</td><td></td><td>《宋史》，卷六，〈眞宗本紀〉</td><td></td></tr>
</table>

		999	二	七		清遠軍裕勒榜族		《長編》卷四五，眞宗咸平二年七月癸卯條	
				十一	十五	豐州河北藏才八族	名馬	《宋會要》，〈蕃夷〉七之一四	
		1000	三	十二		西蕃允鄂克族	犛牛	《長編》卷四七，眞宗咸平三年十二月庚申條	
		1001	四	十二		涼州卑寧族	名馬	《長編》卷五〇，眞宗咸平四年十二月戊子條	
						党項	馬	《宋朝事實》，卷十二，〈儀注二〉	
		1002	五	四		党項		同上	
				十一	三	西涼府六谷	馬千匹（五千匹）	《宋會要》，〈方域〉二一之一七、〈蕃夷〉七之一四、一五	括弧內見《長編》卷五三，眞宗咸平五年十一月甲午條
				十二		西涼府、密本族		《長編》卷五三，眞宗咸平五年十二月己巳條	
眞宗	咸平	1003	六	二		環州野狸族	馬	《長編》卷五四，眞宗咸平六年二月壬申條	
				四		西涼府	方物	《宋朝事實》，卷十二，〈儀注二〉	
				六		隴山西首領	馬	《宋史》，卷七，〈眞宗本紀〉	
				八	十二	西涼府者龍津都族	名馬	《宋會要》，〈蕃夷〉七之一五	
	景德	1004	元	正		西涼府	馬三千疋	《宋會要》，〈方域〉二一之一九	
				二		西涼府	名馬	《長編》卷五六，眞宗景德元年二月戊午條	獻捷
				三		吐蕃		《宋朝事實》，卷十二，〈儀注二〉	
				六		西涼府	馬	《宋會要》，〈方域〉二一之一九、二〇	願率大兵乘勝追討西夏。

				七	十三	西涼府六谷	良馬（三千匹）	《宋會要》，〈蕃夷〉七之一五	括弧內見《宋朝事實》，卷十二，〈儀注二〉
						吐蕃	馬	《宋朝事實》，卷十二，〈儀注二〉	
		1005	二	二	二〇	西涼府六谷	名馬	《宋會要》，〈方域〉二一之二一	
				三		西涼府	馬	同上	
				四	廿五	西涼府	馬	《宋朝事實》，卷十二，〈儀注二〉	
				十二		環慶二族	馬	《玉海》，卷一五四	
		1006	三	五		西涼府	馬	《宋會要》，〈方域〉二一之二一、二二	求賜藥物及弓矢。
				六		西涼府	馬	《宋會要》，〈方域〉二一之二二	
				十二	十一	西涼府	馬	同上	
						党項	方物	《宋朝事實》，卷十二，〈儀注二〉	
						吐蕃	方物	同上	
				五		西涼府	馬	《宋會要》，〈方域〉二一之二二	
眞宗	景德	1007	四	十二		西涼府		《宋會要》，〈方域〉二一之二二	
	大中祥符	1008	元	十一	十五	宗哥族		《宋會要》，〈蕃夷〉七之一七	
				十二	廿三	西涼府	馬	《宋會要》，〈方域〉二一之二三	
				二	十二	西涼府		《宋會要》，〈蕃夷〉七之一七	
		1009	二	十一		西涼府	馬五疋	《宋會要》，〈方域〉二一之二三	
						兀泥族		《宋史》，卷四九一，〈党項〉	
		1010	三		十	西涼府		《宋會要》，〈方域〉二一之二三	
						吐蕃	馬	《宋朝事實》，卷十二，〈儀注二〉	

	大中祥符	1011	四	二		吐蕃諸族		《長編》卷七五，眞宗大中祥符四年二月辛酉條	
				三		西涼府、吐蕃、毒石雞		《宋會要》，〈方域〉二一之一三	
				十	三〇	西涼府		《宋會要》，〈蕃夷〉七之一八	貢使爲蕃僧。
		1012	五	十一		西涼府		《宋會要》，〈方域〉二一之二三	求賜藥物。
						西涼府者龍族	馬	同上	求賜印。
						吐蕃	馬	《宋朝事實》，卷十二，〈儀注二〉	
		1014	七	四		西涼府		《宋會要》，〈方域〉二一之二三	
				七		西涼府六谷		《山堂羣書考索》，後集卷六四	
				十一	十七	西涼府六谷蕃部		《宋會要》，〈蕃夷〉七之一九	
		1015	八	二	十七	唃厮囉	名馬	同上	
				五	十七	西涼府	馬	同上	
				七		西涼府	馬	《宋會要》，〈方域〉二一之二三	貢使爲蕃僧。
				十		西涼府	馬十五疋	同上	
						吐蕃	方物	《宋朝事實》，卷十二，〈儀注二〉	
		1016	九	正	二〇	唃厮囉	馬五百八十二匹	《長編》卷八六，眞宗大中祥符九年正月乙丑條	另見《宋會要》，〈蕃夷〉七之二〇
				三		吐蕃	馬	《宋朝事實》，卷十二，〈儀注二〉	
				四		吐蕃		同上	來朝。
	天禧	1017	元	九		唃厮囉	名馬	《山堂羣書考索》，後集卷六四	
		1019	三	二		唃厮囉		《宋會要》，〈蕃夷〉六之二	貢使爲蕃僧。
仁宗	乾興	1022	元	十一	七	唃厮囉	馬	《宋會要》，〈蕃夷〉七之二二	仁宗即位未改元。
	天聖	1023	元	二		唃厮囉		《宋史》，卷九，〈仁宗本紀〉	許歲一入貢。
		1024	二	十二	十六	唃厮囉		《宋會要》，〈蕃夷〉七之二二	

		1026	四	正	十八	西涼府者龍族	馬	《宋會要》，〈蕃夷〉七之二三	
		1029	七	十一		西涼府六谷蕃部		《玉海》，卷一五四	
		1030	八	二		唃厮囉	馬	同上	
		1031	九	三		河西	馬五百八十三疋	同上	
	景祐	1037	四	十一		唃厮囉	方物	《長編》卷一二○，仁宗景祐四年十一月癸亥條	
	寶元	1039	二	三	廿三	唃厮囉	方物	《宋會要》，〈蕃夷〉七之二五	
	康定	1041	二	十二	八	西蕃磨氈角	馬	《宋會要》，〈蕃夷〉七之二六	
	慶曆	1042	二	五	廿二	唃厮囉	馬、乳香、硇砂、銀鎗、鐵甲、銅印、銀裝交椅	同上	
	慶曆	1044	四	正	九	西蕃磨氈角	方物	《宋會要》，〈蕃夷〉七之二六	
	慶曆	1044	四	十一	十四	西蕃磨氈角	名馬	同上	貢使爲蕃僧。
	慶曆	1044	四	十二		轄戩（瞎氈）		《長編》卷一五三，仁宗慶曆四年十二月戊申條	
仁宗	慶曆	1046	六	二	三	西蕃瞎氈、磨氈角	方物	《宋會要》，〈蕃夷〉七之二六	
仁宗	慶曆	1046	六	三	十一	邈州首領唃厮囉	方物	同上	
仁宗	慶曆	1046	六			默戬覺（磨氈角）	方物	《長編》卷一五八，仁宗慶曆六年四月壬申條	
仁宗	慶曆	1047	七	十	七	磨氈角	方物	《宋會要》，〈蕃夷〉七之二七	貢使爲蕃僧。
仁宗	皇祐	1049	元			唃厮囉	方物	《宋朝事實》，卷十二，〈儀注二〉	
仁宗	皇祐	1050	二	閏十一	廿八	瞎氈	方物	《宋會要》，〈蕃夷〉七之二八	
仁宗	皇祐	1050	二	十二	十五	唃厮囉	方物	《宋會要》，〈蕃夷〉七之二八	
仁宗	皇祐	1053	五	十二		西蕃磨氈角		《宋會要》，〈蕃夷〉六之四	

	至	1054	元	四		輢戩（瞎氈）	馬	《長編》卷一七六，仁宗至和元年四月己未條	
	和	1055	二			西蕃		《宋史》卷十二，〈仁宗本紀〉	
		1056	元	正	十二	西蕃磨氈角	方物	《宋會要》，〈蕃夷〉七之二九	
	嘉	1057	二	二	十三	瞎氈	方物	同上	
		1058	三			喃厮囉	方物	《宋朝事實》，卷十二，〈儀注二〉	
		1059	四	十二	七	喃厮囉	方物	《宋會要》，〈蕃夷〉七之三〇	
	祐	1062	七	八		董戩（董氈）		《長編》卷一九七，仁宗嘉祐七年八月癸未條	
英宗	治平	1064	元			喃厮囉	方物	《宋朝事實》，卷十二，〈儀注二〉	
		1070	三			董戩（董氈）	方物	同上	
神	熙寧	1077	十	十二	十二	董氈	珍珠、乳香、象牙、玉石、馬	《宋會要》，〈蕃夷〉六之一三	
	元	1079	二	三	一	董氈	方物	《宋會要》，〈蕃夷〉六之一四、一五	
宗	豐	1080	三	閏九	廿七	董氈		《宋會要》，〈蕃夷〉六之一六	
		1081	四	九	二	董氈		同上	
		1086	元	正	廿五	董氈		《宋會要》，〈蕃夷〉之一九	
哲	元	1088	三	四	廿一	阿里骨		《宋會要》，〈蕃夷〉六之二二	
				八	五	阿里骨		同上	
		1090	五			阿里骨		《宋史》，卷一七，〈哲宗本紀〉	
	祐	1091	六	五	十五	阿里骨		《宋會要》，〈蕃夷〉六之二四	
				六	廿六	阿里骨	馬一百七十九疋	同上	
宗	紹	1094	元	三	八	阿里骨	方物	《宋會要》，〈蕃夷〉七之四一	
	聖			四	四	阿里骨	師子	同上	

		1095	二	十一	廿七	阿里骨		《宋會要》，〈蕃夷〉七之四一、四二	
	元符	1098	元			瞎征		《宋史》，卷一八，〈哲宗本紀〉	
徽宗	崇寧	1103	二	二	七	青唐大首領趙藺氈厮雞	方物	《宋會要》，〈蕃夷〉六之四〇	

綜觀前表，就時間而言，太宗雍熙、端拱年間未見進貢，主要受李繼遷叛宋影響，後遣丁惟清入蕃招募，淳化二年（991）始來貢，〔註255〕神宗熙、豐年間西方用兵，進貢次數銳減，哲宗元符年間之後，取邈川、青唐等地，遂不復入貢。進貢物色以馬匹爲主，甚至一次高達五千匹。次就進貢部族而言，宋初至眞宗大中祥符八年（1015）間，以西涼府來貢最爲頻繁，朝廷對其曲意籠絡，厚給馬價，別賜他物。〔註256〕並由馬匹交易經濟基礎上建立聯合對抗西夏軍事政治關係，成果輝煌。眞宗咸平六年（1003）李繼遷出兵進攻西涼府，大敗，中流矢而死。〔註257〕後西涼府勢衰，爲西夏所侵，唃廝囉崛起，取而代之。宋廷又欲藉其扼西夏，禮遇厚結，賜賚優渥，〔註258〕神、哲、徽宗三朝出兵經營其地，遂不復來貢。由於回賜豐富，使招馬代價昂貴，但穩定馬匹來源、市馬途徑及牽制西夏；其後宋廷改採拓邊政策，致使西夏與吐蕃解仇聯合，馬源頓減，爲北宋對外關係上一大敗筆。

（二）爲沿邊市馬，此爲最主要來源，又有二種方式，一是券馬（蕃部馬），「戎人驅馬至邊，總數十、百爲一券，一馬預給錢千，官給芻粟，續食至京師，有司售之，分隸諸監。」二是省馬（綱馬），「邊州置場，市蕃漢馬團綱，遣殿侍部送赴闕，或就配諸軍。」〔註259〕根據《長編》卷一〇四，仁宗天聖四年（1026）九月戊申條記載：

> 雍熙、端拱間沿邊收市，河東則麟、府、豐、嵐州、火山軍、唐龍鎮、濁輪寨，陝西則靈、綏、銀、夏州，川峽則益、文、黎、雅、戎、茂、夔州、永康軍，京東則登州。自趙德明據有河南，其收市唯麟、府、涇、原、儀、渭、秦、階、環州、岢嵐、火山、保安、

〔註255〕《宋會要》，〈方域〉二一之一五。
〔註256〕《宋會要》，〈方域〉二一之二三。
〔註257〕《宋史》卷四九二，〈外國八〉，吐蕃，頁14156。
〔註258〕《宋會要》，〈蕃夷〉六之一。
〔註259〕《宋史》卷一九八，〈兵十二〉，頁4932。

> 保德軍，其後止環、慶、延、渭、原、秦、階、文州、鎮戎軍置場，
> 天聖中猶得蕃部、省馬總三萬四千九百餘匹云。

元昊叛宋期間，僅在秦州置場市馬，後又恢復環、慶、原、渭州、保安、德順軍、古渭、永寧寨等處買馬場。〔註 260〕神宗熙寧八年（1075）在熙河路六處置場買馬，罷原、渭州、德順軍買馬場。〔註 261〕從所言興廢演變中可知早期河東、陝西、川峽、京東等處爲市馬之地，但以陝西路爲重。〔註 262〕中、

〔註 260〕《長編》卷一七七，仁宗至和元年十二月丙午條；卷一九二，仁宗嘉祐五年八月甲申條。

〔註 261〕《長編》卷二五九，神宗熙寧八年正月乙巳條。

〔註 262〕《宋會要》，〈兵〉二四之一，茲將數字統計，列表明之。

路分	州軍鎮	買馬額		合計	百分比
		蕃部馬	省馬		
	秦州	18,070	500		
	渭州	2,560	204		
	階州	5,000	1,000		
	儀州	不立額	不立額		
陝西路	涇州	不立額	不立額	27,635＋	80.06%
	原州	不立額	不立額		
	環州	301	不立額		
	夏州	不立額	不立額		
	慶州	不立額	不立額		
河東路	府州	1,100	460		
	麟州	420	不立額		
	火山軍	1,510	不立額		
河東路	保德軍	320	不立額	4,160＋	12.05%
	岢嵐軍	不立額	350		
	唐龍鎮	不立額	不立額		
	豐州	不立額	不立額		
峽西路	文州	2,000	720	2,720	7.88%
	合計	31,281＋	3,234＋	34,515＋	

後期僅剩秦鳳、熙河二路，所有市馬全靠陝西一地，益顯其重要性。

市馬最初使用銅錢，結果大量流出，銷鑄為器，遂改以布帛、茶及它物市之。〔註263〕平日緣邊官吏各冀增購馬數目，以為課績，給價漸多，歲費不可勝計。〔註264〕范仲淹嘗有「沿邊市馬，歲幾百萬緡，罷之則絕戎人，行之則困中國。」之歎。〔註265〕戰時亟需馬匹，往往增價購之。〔註266〕因此北宋市馬支出龐大，遂利用本身盛產之茶博買馬匹，形成茶馬貿易。

茶是塞外民族民生必需品，「其腥肉之食，非茶不消，青稞之熱，非茶不解。」〔註267〕但其地不產茶，只得仰賴中原，唐代回紇就已驅馬市茶，〔註268〕宋初亦有以茶易馬，〔註269〕神宗熙寧七年（1074）命李杞入蜀經畫買茶於秦鳳、熙河博馬，〔註270〕始成定制，粗具規模，成為南宋，明代茶馬易市之濫觴。

宋代主要以蜀茶博馬，舊謂「兩川所出茶貨較北方、東南諸處十不及一。」〔註271〕實際上蜀茶產量在北宋超過全國總產量百分之三十以上，南宋時則超過百分之八十以上。〔註272〕加上川陝緊鄰，自然榷蜀茶以博馬。後法行日久，弊端叢生，群臣反對，尤以蘇軾、呂陶、劉摯最烈。若仔細剖析，反對意見不盡適當；宋代蜀茶品第已在南方之下，〔註273〕如不運往熙河、秦鳳博馬，無法與南方之茶競爭，將形成滯銷現象。哲宗元祐五年（1090）二月，黃廉按察川路茶法後奏道：

> 若致詳於公私之際，則先當議民，其次商賈，其次邊計，利害各有所在也。蜀民通患幣輕錢重，商旅賫攜息不償費，若損榷茶，盡予

〔註263〕《長編》卷二四，太宗太平興國八年十一月壬申條。

〔註264〕《長編》卷六四，眞宗景德三年十月壬子條，卷六七，眞宗景德四年十二月戊午條。

〔註265〕《長編》卷一一二，仁宗明道二年七月甲申條。

〔註266〕《長編》卷二一六，神宗熙寧三年十月辛酉條。

〔註267〕顧炎武，《天下郡國利病書》（四部叢刊續編，上海涵芬樓景印崑山圖書館藏稿本，民國65年6月臺二版），第十九冊，四川，〈王廷相嚴茶議〉，頁10322。

〔註268〕《新唐書》卷一九六，〈隱逸陸羽傳〉，頁5612。

〔註269〕《長編》卷六一，眞宗景德二年八月乙巳條。

〔註270〕馬端臨，前引書，卷十八，〈征榷五〉。頁考175。

〔註271〕呂陶，前引書，卷一，〈奏具置場買茶旋行出賣遠方不便事狀〉，頁4。

〔註272〕賈大泉，〈宋代四川地區的茶葉和茶政〉（《歷史研究》，1980年第四期，1980年出版），頁111～114。

〔註273〕馬端臨，前引書，卷十八，〈征榷五〉，頁考173、174。

> 商賈，則百貨未能通流，脚乘未能猝備，非唯園户之貨鬱滯，絕其資生之路；若蕃市交易，萬一不繼，亦足以害經久之法。今若捐十一州之茶與商賈，仍以川陝四路及關中諸路與之，則受茶之地宜若可以盡泄川茶，以補蜀民久困。而官以善價取雅州興元府所產，以贍熙、秦州，酌中法以爲邊備，於理爲可。〔註274〕

指出盡罷榷蜀茶，悉以予商賈，會造成邊計不集、蜀貨不通，園戶受弊等現象，實爲持平之論。而榷賣蜀茶之弊害全由人禍所致，主事官吏掊克斂取，不恤民力，蘇軾曾有一首詩諷刺云：「茶爲西南病，甿俗記二李，何人折其鋒，矯矯六君子。」〔註275〕政隨人舉，爲政者可不慎乎？

從熙寧七年至元豐八年（1074～1085），陝西路一共設置三二三座賣茶場，〔註276〕其中熙寧八、九年（1075、1076）設置四六場，當時熙、岷州、通遠、德順軍等買馬場，均設有賣茶場。〔註277〕初期每歲市馬足額，後因茶價太高、蕃馬不來；〔註278〕哲宗時期恢復券馬法，買馬數又告增加，〔註279〕旋因取青唐，馬不復至。〔註280〕徽宗時期監司意欲侵茶利，以助漕司糴買，導致茶利不專，馬難敷額，遂規定蜀茶專用博馬，不得他用。〔註281〕又市馬賞典優濫，官吏競趨之，動輒數萬匹，〔註282〕但取充數而已，〔註283〕不堪坐騎，至金人犯闕，詔盡括內外馬及取在京騎軍，不及二萬匹。〔註284〕

陝西鄜延、環慶、涇原沿邊三路皆是山險要塞之處，利於步卒作戰，〔註285〕因此所市得馬匹除極小部份留供本路使用之外，其餘利用券送或綱運至京師，形成一種轉口貿易型態。平心而論，北宋沿邊市馬績效不彰，馬多常不至，所得之馬大都駑鈍，不堪戰任。〔註286〕除前述茶價高及青唐作梗等原因之外，尚

〔註274〕趙汝愚，前引書，卷一〇八，黃廉，〈上哲宗論蜀茶〉，頁21、22。
〔註275〕洪邁，《容齋三筆》，卷一四，〈蜀茶法〉，頁582。
〔註276〕馬端臨，前引書，卷十八，〈征榷五〉，頁考176。
〔註277〕《宋會要》，〈食貨〉二九之十四、十五。
〔註278〕《宋會要》，〈職官〉四三之五九、六〇、六七、六八。
〔註279〕《宋史》卷一九八，〈兵十二〉，頁4951。
〔註280〕趙汝愚，前引書，卷一四一，任伯雨，〈上徽宗論湟鄯〉，頁11。
〔註281〕《宋會要》，〈兵〉二四之二八。
〔註282〕《宋會要》，〈兵〉二二之十四、二四之三〇；職官四三之九九、一〇一。
〔註283〕《宋史》卷一九八，〈兵十二〉，頁4953。
〔註284〕馬端臨，前引書，卷一六〇，〈兵十二〉，頁考1393，引蔡絛《國史補》之語。
〔註285〕蔡襄，前引書，卷一九，〈論地形勝負〉，頁1、2。
〔註286〕《宋會要》，〈兵〉二二之五。

有四點因素：1. 民間收購，影響馬質。〔註 287〕2. 人謀不臧，妨害市馬。〔註 288〕3. 邊境不寧，馬商裹足。〔註 289〕4. 防止細作，阻礙賣馬。〔註 290〕縱使如此，市馬仍然在陝西路與沿邊羌族貿易中占重要地位。

〔註 287〕《長編》卷二一六，神宗熙寧三年十月辛酉條。

〔註 288〕《宋會要》，〈兵〉二二之六、七；《長編》卷三一二，神宗元豐四年四月乙亥條。

〔註 289〕《宋會要》，〈兵〉二二之六、七。

〔註 290〕《長編》卷二八四，神宗熙寧十年九月戊辰條。

第六章　結　論

宋代社會經濟發展至一個空前高峯，貨幣經濟發達，各個區域懋遷有無，全國性流通交換脈絡已告成熟，構成一個完整不可分割之經濟體系。陝西路商業活動不僅充分表現區域特色，在全國經濟體系中更扮演重要地位。

本區受經濟重心南移及連年兵禍之影響，自身所產不敷所需，必須從外地大量輸入物資，以資挹注，形成以消費爲重經型態，其中糧稭、布帛二項尤爲大宗。糧稭獲得除兩稅支移、沿邊屯田外，主靠置場市糴及商人入中二種途徑。爲應付龐大糴本，常出京師三司、內藏庫等處之錢銀帛助糴，後期茶馬司亦利用蜀茶羨餘助糴。入中則先召募商賈入中芻糧，再至京師給以緡錢，或移文江淮荊湖，給以茶、鹽，惟易流於虛估之弊；范祥改法，令入中現錢，以資助糴，取得鹽鈔，赴解池請鹽。上述糧稭獲得過程，不僅促進國內茶、鹽之流通；更將本路與汴京、四川、東南等區域經濟關係緊密聯繫在一起。

本區之布帛則主要由四川綱運供應，政府另將蜀地上供絹帛截留於本區，或利用蜀地羨財就地換易絹帛椿管，以供本區支用。此外，陝西商人常販解鹽至四川，再搬運蜀茶、絹回售，以圖謀利。其後四川交子亦在本區流通，遂使秦、蜀二地經濟倚存關係益加密切，惟大部皆由四川供應，其成爲本區之腹地。

本區輸出則以解鹽、木材、羊、石炭等爲重，主要供應汴梁所需，宋代將京畿劃爲解鹽運銷區域，營繕所用之材木及消耗之羊、石炭多仰賴於陝西；此外，耀州陶瓷亦販至京師，故北宋汴京繁榮，除賴東南諸路供應物資外，陝西路亦具部份貢獻。

由上述這些輸出入物貨之流通，將全國三大經濟區域緊密連鎖起來，陝西路在全國商業流通脈絡中實居重要地位。迄至北宋亡國，宋室南遷，北方淪於金人手中，本區商業活動才告一蹶不振。

由於北宋定都汴梁，加上武力不競，遼夏侵凌，陝西路由漢唐盛世之核心精華區域變成邊陲地區，因據地利之勢，故本區商業活動，除國內貿易之外，對外貿易尤具重要性，與西夏、西方諸國及沿邊羌族形成國際貿易體系。宋代對外關係深受中國本位文化、國際情勢因素之影響，表現一股內斂深沈陰柔個性，與漢、唐時期奔放粗獷陽剛性格迥然相異，由貿易一事即可略見端倪。

唐代中葉安史之亂以後，中國夷夏之防觀念日趨嚴格，降至宋代，內則重文輕武，科舉發達，外則契丹、西夏、女眞等異族侵凌，民族意識濃厚，中國本位文化成型。〔註1〕輕蔑異族文化，鄙視夷狄，稱「其人如嬰兒，而中國哺乳之。」〔註2〕兩宋在對外關上情願「納幣」，不願「和親」，即由中國本位文化中夷夏觀念所衍生而出的外交策略。在此策略下，貿易成爲維持均勢之重要手段；蓋經濟需求乃是塞外民族不時南侵之根本動機。〔註3〕透過貿易方式，取得所需物資，滿足其經濟慾望，自然減少武力掠奪發生之機會。故宋廷將「和市馭邊」陰柔手段發揮得淋漓盡致，今可分成積極、消極二方面來探討。

在積極方面則成立榷場，榷場貿易係以牙儈爲媒介，促成兩國官民交易之活動。〔註4〕使得塞外民族較易取得農耕社會之物質，維持國際間均衡狀態，與朝貢貿易截然不同。唯宋廷設置榷場除可收回部份歲贈，免致財政崩潰危機外，主在統制外族，迫其就範，故動輒關閉榷場。宋夏關係變幻無常，宋廷在本區設置榷場固然促進對外貿易之發展，惟時開時閉，經濟效益遠不逮宋、遼之間顯著。在消極方面則以禁止青白鹽輸入爲主，以制夷命，雖西

〔註1〕傅樂成，〈中國民族與外來文化〉，收入《中國通史集論》（臺北，常春樹書坊印行，民國61年9月一版），頁46～51。

〔註2〕《長編》卷三六五，哲宗元祐二年二月壬戌條。

〔註3〕蕭啓慶，〈北亞遊牧民族南侵各種原因的檢討〉，收入《中國通史集論》（臺北，常春樹書坊印行，民國61年9月一版），頁333。另可參考札奇斯欽，《北亞遊牧民族與中原農業民族間的和平戰爭與貿易之關係》（臺北，正中書局印行，民國66年7月臺二版）一書。

〔註4〕畑地正憲著，鄭樑生譯，〈北宋與遼的貿易及其歲贈〉（《食貨月刊》復刊四卷八期，民國63年12月1日出版），頁35。

夏屢求解禁，禁鹽效果亦差，宋廷始終堅持初衷，不肯讓步。

宋代雖夷夏之防甚嚴，然以中國為世界秩序中心之朝貢貿易制度仍維持不墜，且能因勢制宜，反映出宋人外交上彈性靈活手腕；對遼採取對等外交關係，對西夏採取傳統外交態度，雙方雖時以兵戎相見，然西夏為謀取經濟利益，仍貢使不絕。對西方諸國與沿邊羌族則採取籠絡外交政策，藉以牽制西夏，兼取得馬匹。彼邦外族貢使出入中國，皆途經本區境內，沿途市馬，甚至滯留不歸，散行本區各處，公然貿易，自然促進商業繁榮。藉著貢使來往，又將本區與京師、蕃夷二處聯成一系，故本區國際貿易盛況並不亞於東南沿海諸路對海外貿易。

傳統研究皆認為中國歷代對蕃夷貿易，撫綏重於圖利，其實不盡全然，宋代對蕃夷貿易，亦以撫綏為重，然神宗熙、豐年間對西方用兵，為紓解龐大軍費負担，十分重視沿邊蕃漢貿遷利益，特將本區榷場改為市易司，積極拘攔蕃漢貿易；沿邊堡寨為籌措經費，亦積極謀取蕃漢商貨之利，足以反映出宋人理想與現實妥協之彈性特色。〔註5〕

北宋陝西路在對外貿易上之一大特色，即轉口貿易傾向濃厚，此種現象構成本區商業活動特殊景觀，茶馬貿易即可作為代表。馬匹為宋廷所亟需的，茶則是蕃夷日常生活必需品，雙方懋遷有無；四川將茶葉運致本區，本區將蜀茶博易蕃馬，再綱運往京師，供政府之用。這種流通過程，導致汴京、四川、陝西及蕃夷等處構成一個緊密交換脈絡，不僅在經濟上解決蜀茶滯銷之虞，且在軍事上紓除宋廷乏馬之窘，證明蕃漢貿易不僅是外族物資主要供應，並可補漢民族本身之不足，絕非遊牧民族完全倚仗農業民族，而是一種互利關係。同時在外交上建立同盟，牽制西夏，達成宋廷「聯夷以制夷」之外交策略。

本區商賈之活動，遍及國內各個角落，甚至擴展至國外；外地客商及蕃商進出陝西絡繹不絕，其中以入中、茶及馬商賈居多，官吏、武將及僧侶等亦紛紛從事貿遷活動，政府為解決財政困窘，採行重商主義，挾其政治上優勢，主動介入其中。其次，宋廷雖沿襲中國傳統觀念，視商賈為四民之末，屢頒抑商措施，〔註6〕實則不僅重商，而且官吏武將們經營商業之風氣特盛，

〔註5〕陶晉生，《中國近古史》（臺北，東華書局印行，民國68年10月初版），頁4、5。

〔註6〕宋晞，〈從科舉與輿服制度看宋代的商人政策〉，收入氏著，《宋史研究論叢第

充分顯示宋人理想與現實衝突之特色。由於政府積極干涉，拘攔物貨，壟斷商利，壓抑民商，遂造成走私貿易猖獗。此種現象不僅影響本區正常商業活動，亦爲宋代社會經濟未能繼續發展，產生類似西方「產業革命」部份之癥結所在。

走私是本區重要貿易方式之一，造成的原因甚多，除前述榷場時開時閉，政府壟斷商利之外，主要爲政府基於國防安全、財政需要之考慮，對於某些民生必需品實施管制，例如：穀糧、青白鹽等等，百姓爲維持生計，只得鋌而走險，進行走私活動。其次，爲一些違禁物貨，例如：貨幣、人口、銅錢及書籍等等，奇貨可居，利潤誘人，官吏、商賈圖謀暴利，乃從事違法走私勾當。走私活動有國內、外之分，國內以盜販木材、茶葉爲多，國外則青白鹽入境及穀糧、銅錢、人口出境，屢見不鮮，尤爲激烈。宋廷雖嚴令禁止，然走私之風未能杜絕，反倒日趨猖獗。根據神宗熙寧十年（1077）及其前二次商稅額統計，永興軍、秦鳳兩路均名列前茅，若將走私貿易計算在內，其稅額數目更加可觀。走私貿易皆採取秘密方式進行，史料記載只能顯示出極小部份眞實狀況，實際情形遠比所知的嚴重，由此可窺見陝西路商業活動實較史籍所載尤爲繁榮。

總之，本區無論對國內、外商業活動皆十分頻繁，且具特殊之處，在宋朝全國商業活動中實居重要地位。

二輯》（臺北，中國文化研究所印行，民國 69 年 2 月出版），頁 41～52。

參考書目

壹、重要史料

1. 文彥博，《潞公文集》，四十卷，四庫全書珍本六集，臺北，臺灣商務印書館影印，民國 65 年出版。
2. 元・司農司，《農桑輯要》，七卷，四庫全書珍本別輯，臺北，臺灣商務印書館影印，民國 64 年出版。
3. 王存，《元豐九域志》，十卷，清乾隆四十九年桐城馮氏聚德堂刊五十三年重校本，臺北，文海出版社影印，民國 51 年 11 月初版。
4. 王林，《燕翼詒謀錄》，五卷，點校本，木鐸出版社，民國 71 年 5 月初版。
5. 王洙，《宋史質》，一百卷，明刊本，臺北，大化書局影印，民國 66 年 5 月景印出版。
6. 王溥，《五代會要》，三十卷，點校本，臺北，九思出版公司，民國 67 年 11 月 15 日台一版。
7. 王稱，《東都事略》，一百三十卷，臺北，文海出版社影印，民國 56 年 1 月出版。
8. 王禹偁，《小畜集》，三十卷，四部叢刊正編，常熟瞿氏鐵琴銅劍樓藏宋刊配呂無黨鈔本，臺北，臺灣商務印書館影印，民國 68 年 11 月臺一版。
9. 王應麟，《玉海》，二百零四卷，合璧本，臺北，大化書局影印，民國 62 年 7 月出版。
10. 王應麟，《通鑑地理通釋》，十四卷，汲古閣，臺北，廣文書局影印，民國 60 年 9 月初版。
11. 王應麟，《困學紀聞》，二十卷，四部叢刊廣編，江安傅氏雙鑑樓藏元刊本，臺北，臺灣商務印書館影印，民國 70 年 2 月初版。
12. 王闢之，《澠水燕談錄》，十卷；另補遺六事、佚文十七事、點校本，臺北，木鐸出版社，民國 71 年 2 月初版.

13. 尹洙，《河南先生文集》，二十八卷，四部叢刊正編，岑春閣鈔本，臺北，臺灣商務印書館印，民國 68 年 11 月台一版。
14. 孔安國傳，《尚書》，四十三卷，四部叢刊正編，吳興劉氏嘉業堂藏宋刊本，臺北，臺灣商務印書館，民國 68 年 11 月臺一版。
15. 毛滂，《東堂集》，十卷，四庫全書珍本初集，臺北，臺灣商務印書館影印，民國 58 年～59 年出版。
16. 司馬光，《溫國文正司馬公文集》，八十卷，四部叢刊正編，常熟瞿氏鐵琴銅劍樓藏宋紹熙刊本，臺北，臺灣商務印書館影印，民國 68 年 11 月臺一版。
17. 司馬光，《涑水紀聞》，十六卷；另補遺一卷，文明刊歷代善本，筆記小說大觀六編第三冊，臺北，新興書局影印，民國 64 年 2 月版。
18. 司馬遷，《史記》，一百三十卷，點校本，臺北，鼎文書局，民國 69 年 3 月三版。
19. 包拯，《孝肅包公奏議》，十卷，叢書集成簡編，臺北，臺灣商務印書館，民國 55 年 3 月臺一版。
20. 江少虞，《宋朝事實類苑》，七十八卷，點校本，臺北，源流出版社，民國 71 年 8 月初版。
21. 朱弁，《曲洧舊聞》，十卷，文明刊歷代善本，筆記小說大觀續編第三冊，臺北，新興書局影印，民國 62 年 7 月出版。
22. 朱彧，《萍州可談》，三卷，四庫全書珍本別輯，臺北，臺灣商務印書館影印，民國 64 年出版。
23. 朱翌，《猗覺寮雜記》，二卷，百部叢書集成，知不足齋叢書，臺北，藝文印書館影印，民國 55 年出版。
24. 朱熹、李幼武，《宋名臣言行錄五集》，七十五卷（前集十卷，後集十四卷，續集八卷，別集二十六卷，外集十七卷），清同治歲次戊辰臨川桂氏重脩本，臺北，文海出版社影印，民國 56 年 1 月臺初版。
25. 沈括，《夢溪筆談》，二十六卷，四部叢刊續編，明刊本，臺北，臺灣商務印書館影印，民國 65 年 6 月臺二版。
26. 宋濂，《元史》，二百一十卷，點校本，臺北，鼎文書局，民國 68 年 3 月再版。
27. 宋敏求，《長安志》，二十卷，經訓堂叢書本，臺北，大化書局影印，民國 69 年 11 月初版。
28. 李攸，《宋朝事實》，二十卷，武英殿聚珍版，臺北，文海出版社影印，民國 56 年 1 月台初版。
29. 李復，《潏水集》，十六卷，四庫全書珍本二集，臺北，臺灣商務印書館影印，民國 60 年出版。

30. 李燾，《續資治通鑑長編》，六百卷，新定本，臺北，臺北，臺灣世界書局影印，民國 53 年 9 月出版。
31. 李心傳，《建炎以來朝野雜記》，甲乙集各二十卷；另逸文一卷，明鈔校聚珍本，臺北，文海出版社影印，民國 56 年 1 月出版。
32. 李吉甫，《元和郡縣圖志》，四十卷；另闕卷逸文三卷；補志九卷，畿輔叢書、雲自在堪刻本、金陵書局刻本，京都，中文出版社影印，1973 年 2 月初版。
33. 李好文，《長安志圖》，三卷，經訓堂叢書本，臺北，大化書局影印，民國 69 年 11 月初版。
34. 李若水，《宋太宗皇帝實錄殘本》，二十六至八十卷，四部叢刊廣編，海鹽張氏涉園藏宋館閣寫本、常熟瞿氏藏舊鈔本，臺北，臺灣商務印書館影印，民國 70 年 2 月初版。
35. 杜大珪，《名臣碑傳琬琰集》，一〇七卷，鈔本，臺北，文海出版社影印，民國 58 年 5 月初版。
36. 吳曾，《能改齋漫錄》十八卷；另附逸文，點校本，臺北，文鏵出版社，民國 71 年 5 月初版。
37. 吳廣成，《西夏書事》，四十二卷，臺北，廣文書局影印，民國 57 年 5 月初版。
38. 呂中，《宋大事記講義》，二十三卷，四庫全書珍本二集，臺北，臺灣商務印書館影印，民國 60 年出版。
39. 呂陶，《淨德集》，三十八卷，四庫全書珍本別輯，臺灣商務印書館影印，民國 64 年出版。
40. 呂祖謙，《歷代制度詳說》，十二卷，四庫全書珍本三集，臺北，臺灣商務印書館影印，民國 61 年出版。
41. 呂祖謙，《皇朝文鑑》,一百五十卷，四部叢刊正編，常熟瞿氏藏宋本，臺北，臺灣商務印書館影印，民國 68 年 11 月台一版。
42. 何景明，《雍大記》，三十六卷，明嘉靖元年刊本，現藏中央研究院歷史語言研究所傅斯年圖書館。
43. 岳珂，《愧郯錄》，十五卷，四部叢刊續編，常熟瞿氏鐵琴銅劍樓藏宋刊本，臺北，臺灣商務印書館影印，民國 65 年 6 月台二版。
44. 周煇，《清波雜志》，十二卷，四部叢刊續編，常熟瞿氏鐵琴銅劍樓藏宋刊本，臺北，臺灣商務印書館影印，民國 65 年 6 月台二版。
45. 洪晧，《松漠紀聞》，二卷，明清刻本，筆記小說大觀三編第三冊，臺北，新興書局影印，民國 63 年 5 月出版。
46. 洪邁，《夷堅志》，二百零七卷（初志八十卷，支志七十卷，三志三十卷，志補二十五卷，再補一卷，三補一卷），點校本，臺北，明文書局，民國 71 年 4 月初版。

47. 洪邁，《容齋隨筆》，全五筆，七十四卷，點校本，臺北，大立出版社，民國 70 年 7 月景印初版。
48. 柳開，《河東先生集》，十六卷，四部叢刊正編，舊鈔本，臺北，臺灣商務印書館影印，民國 68 年 11 月臺一版。
49. 柯維騏，《宋史新編》，二百卷，臺北，新文豐出版公司，民國 63 年 11 月初版。
50. 范仲淹，《范文正公集》，二十卷；別集四卷；奏議二卷；尺牘三卷；附錄年譜；年譜補遺等十三卷，四部叢刊正編，江南圖書館藏明翻元刊本，臺北，臺灣商務印書館影印，民國 68 年 11 月臺一版。
51. 范純仁，《范忠宣集》，十八卷；奏議二卷；遺文一卷；補編一卷，四庫全書珍本八集，臺北，臺灣商務印書館影印，民國 67 年出版。
52. 班固，《漢書》，一百卷，點校本，臺北，鼎文書局，民國 68 年 2 月二版。
53. 馬端臨，《文獻通考》，三百四十八卷，武英殿本，臺北，新興書局影印，民國 52 年 10 月出版。
54. 徐松輯，《宋會要輯稿》，全十六冊；十七門，上海大東書局印刷所影印本，臺北，臺灣世界書局影印，民國 53 年 6 月出版。
55. 徐夢莘，《三朝北盟會編》，二百五十卷，清光緒四年歲次戊寅越東集印本，臺北，文海出版社影印，民國 51 年 9 月初版。
56. 郭璞，《山海經》，十八卷，四部叢刊正編，江安傅氏雙鑑樓藏明成化本，臺北，臺灣商務印書館影印，民國 68 年 11 月臺一版。
57. 章如愚，《山堂羣書考索》，前集六十六卷；後集六十五卷；續集五十六卷；別集二十五卷，明正德戊辰年刻本，臺北，新興書局影印，民國 58 年 9 月新一版
58. 張禮，《遊城南記》，一卷，百部叢書集成，寶顏堂秘笈，臺北，藝文印書館影印，民國 54 年出版。
59. 張方平，《樂全集》，四十卷；附錄一卷，四庫全書珍本初集，臺北，臺灣商務印書館影印，民國 58 年～59 年出版。
60. 張世南，《游宦紀聞》，十卷，點校本，臺北，木鐸出版社，民國 71 年 2 月初版。
61. 張端義，《貴耳集》，三卷，點校本，臺北，木鐸出版社，民國 71 年 5 月初版。
62. 強至，《祠部集》，三十五卷，四庫全書珍本別輯，臺北，臺灣商務印書館影印，民國 64 年出版。
63. 黃以周，《續資治通鑑長編拾補（附於《續資治通鑑長編》內）》，六十卷，

臺北，臺灣世界書局，民國 53 年 9 月出版。

64. 莊季裕，《雞肋篇》，三卷，江西巡撫采進本，筆記小說大觀三十編第十冊，臺北，新興書局影印，民國 68 年 10 月出版。

65. 陸游，《老學庵筆記》，十卷；續筆記一卷；續筆記佚文三條，點校本，臺北，木鐸出版社，民國 71 年 5 月初版。

66. 陸心源，《宋史翼》，四十卷，臺北，文海出版社影印，民國 56 年 1 月臺初版。

67. 陳均，《九朝編年備要》，三十卷，四庫全書珍本七集，臺北，臺灣商務印書館影印，民國 66 年出版。

68. 陳襄，《古靈集》，二十五卷，四庫全書珍本三集，臺北，臺灣商務印書館影印，民國 60 年出版。

69. 陳傅良，《止齋文集》，五十二卷并附錄，四部叢刊正編，烏程劉氏藏明弘治本，臺北，臺灣商務印書館影印，民國 68 年 11 月臺一版。

70. 陳夢雷，《古今圖書集成》，一萬卷，全一百冊，附編一冊，臺北，文星書店影印，民國 53 年出版。

71. 晁補之，《濟北晁先生雞肋集》，七十卷，四部叢刊正編，明刊本，臺北，臺灣商務印書館影印，民國 68 年 11 月臺一版。

72. 晁說之，《嵩山文集》，二十卷；附錄一卷，四部叢刊續編，上海涵芬樓景印舊鈔本，臺北，臺灣商務印書館影印，民國 65 年 6 月台二版。

73. 脫脫，《宋史》，四百九十六卷，點校本，臺北，鼎文書局，民國 69 年 5 月再版。

74. 脫脫，《遼史》，一百一十六卷，點校本，臺北，鼎文書局，民國 67 年 11 月二版。

75. 曾鞏，《元豐類藁》，五十卷；另附錄一卷，四部叢刊正編，烏程蔣氏密韻樓藏元刊本，臺北，臺灣商務印書館影印，民國 68 年 11 月臺一版。

76. 曾鞏，《隆平集》，二十卷，四庫全書珍本二集，臺北，臺灣商務印書館影印，民國 60 年出版。

77. 曾公亮，《武經總要》，前後集各二十卷，四庫全書珍本初集，臺北，臺灣商務印書館影印，民國 58 年～59 年出版。

78. 馮琦，《宋史紀事本末》，一百零九卷，點校本，臺北，華世出版社，民國 65 年 12 月初版。

79. 彭百川，《太平治蹟統類》，三十卷，校玉玲瓏閣鈔本，臺北，成文出版社影印，民國 55 年 4 月出版。

80. 楊時，《龜山集》，四十二卷，四庫全書珍本四集，臺北，臺灣商務印書館影印，民國 62 年出版。

81. 楊仲良，《續資治通鑑長編紀事本末》，一百五十卷，清光緒十九年廣雅書局刊本，臺北，文海出版社影印，民國 56 年 11 月出版。

82. 葉隆禮，《契丹國志》，二十八卷，百部叢書集成，汗筠齋叢書，臺北，藝文印書館影印，民國 58 年出版。

83. 程大昌，《程氏演蕃露殘本》，十卷，四部叢刊廣編，廬江劉氏遠碧樓藏宋刊本，臺北，臺灣商務印書館影印，民國 70 年 2 月初版。

84. 傅增湘，《宋代蜀文輯存》，一百卷，臺北，新文豐出版公司，民國 63 年 11 月初版。

85. 趙翼，《二十二史劄記》，三十六卷；另補遺一卷，校證補編本，臺北，華世出版社，民國 66 年 9 月新一版。

86. 趙汝愚，《宋名臣奏議》，一百五十卷，四庫全書珍本二集，臺北，臺灣商務印書館影印，民國 60 年出版。

87. 趙廷瑞、馬理，《陝西通志》，四十卷，明嘉靖二十一年刊本，現藏中央研究院歷史語言研究所傅斯年圖書館。

88. 鄭俠，《西塘集》，九卷；另附錄一卷，四庫全書珍本四集，臺北，臺灣商務印書館影印，民國 62 年出版。

89. 歐陽忞，《輿地廣記》，三十八卷，曝書亭藏宋刻初本吳門士禮居重雕，臺北，文海出版社影印，民國 51 年 11 月初版。

90. 歐陽修，《歐陽文忠集》，一百五十三卷；另附錄五卷；年譜，四部叢刊正編，元刊本，臺北，臺灣商務印書館，民國 68 年 11 月臺一版。

91. 歐陽修、宋祁，《新唐書》，二百二十五卷，點校本，臺北，鼎文書局，民國 68 年 2 月 2 版。

92. 歐陽修，《新五代史》，七十四卷，點校本，臺北，鼎文書局，民國 65 年 11 月初版。

93. 蔡襄，《端明集》，四十卷，四庫全書珍本四集，臺北，臺灣商務印書館影印，民國 62 年出版。

94. 樂史，《太平寰宇記》，一百卷；另補闕一冊，清嘉慶八年南昌萬氏刊本，臺北，文海出版社影印，民國 51 年 11 月初版。

95. 黎靖德，《朱子語類》，一百四十卷，中日合璧本，京都，中文出版社影印，1979 年 2 月出版。

96. 劉攽，《彭城集》，四十卷，四庫全書珍本別輯，臺北，臺灣商務印書館影印，民國 64 年出版。

97. 劉昫，《舊唐書》，二百卷，點校本，臺北，鼎文書局，民國 70 年元月三版。

98. 劉敞，《公是集》，五十四卷，四庫全書珍本別輯，臺北，臺灣商務印書館影印，民國 64 年出版。

99. 劉安世，《盡言集》，三十卷，四庫全書珍本六集，臺北，臺灣商務印書館影印，民國 65 年出版。

100. 魏徵、姚思成，《梁書》，五十六卷，點校本，臺北，鼎文書局，民國 69 年 3 月三版。

101. 魏徵，《隋書》，八十五卷，點校本，臺北，鼎文書局，民國 70 年元月三版。

102. 魏了翁，《鶴山先生大全文集》，一百一十卷，四部叢刊正編，烏程劉氏嘉業堂藏宋刊本，臺北，臺灣商務印書館影印，民國 68 年 11 月臺一版。

103. 蘇軾，《東坡七集》（《東坡集》四十卷，《後集》二十卷，《奏議》十五卷，《外制》三卷，《內制》十卷，《應詔》十卷，《續集》十二卷），四部備要，匋齋校刊本，臺北，臺灣中華書局影印，民國 54 年 11 月臺一版。

104. 蘇轍，《欒城集》，五十卷，《後集》二十四卷，《三集》十卷，《應詔集》十二卷，《四部叢刊》正編，明活字印本，臺北，臺灣商務印書館影印，民國 68 年 11 月臺一版。

105. 顧炎武，《天下郡國利病書》，三十四冊，四部叢刊續編，崑山圖書館藏稿本，臺北，臺灣商務印書館影印，民國 65 年 6 月臺二版。

106. 顧祖禹，《讀史方輿紀要》，一百三十卷，桐華書屋校補敷文閣藏板龍萬育刊原刻本，臺北，新興書局影印，民國 56 年 6 月一版。

107. 不著撰人，《宋大詔令集》，二百四十卷，北圖、北大互校本，臺北，鼎文書局，民國 61 年 9 月初版。

108. 不著撰人，《宋史全文續資治通鑑》，三十六卷，臺北，文海出版社影印，民國 58 年 5 月初版。

109. 不著撰人，《皇宋中興兩朝聖政》，六十四卷，宛委別藏影宋鈔本，臺北，文海出版社影印，民國 56 年 1 月出版。

貳、一般論著

一、中　文

(一) 專　書

1. 方豪，《宋史》一、二冊，臺北，華岡出版社印行，民國 64 年 10 月三版，上冊 149 頁，下冊 224 頁。

2. 王志瑞，《宋元經濟史》，臺北，臺灣商務印書館影印，民國 63 年 8 月台四版，145 頁。

3. 王益厓，《中國地理》上、下冊，臺北，正中書局印行，民國 67 年 8 月臺十七版，789 頁。

4. 札奇斯欽，《北亞遊牧民族與中原農業民族間的和平戰爭與貿易之關係》，臺北，正中書局印行，民國 66 年 7 月臺二版，584 頁。
5. 加藤繁，《中國經濟史考證》（中譯本），臺北，華世出版社印行，民國 65 年 6 月譯本初版，864 頁。
6. 加藤繁，《中國經濟社會史概說》（中譯本），臺北，華世出版社印行，民國 67 年 9 月台一版，173 頁。
7. 衣川強著，鄭樑生譯，《宋代文官俸給制度》，臺北，臺灣商務印書館印行。民國 66 年 1 月初版，131 頁。
8. 全漢昇，《中國經濟史論叢》第一、二冊，香港，新亞研究所印行，1972 年 8 月出版，815 頁。
9. 全漢昇，《中國經濟史研究》上、中冊，香港，新亞研究所印行，1976 年 3 月出版，上冊 395 頁，中冊 308 頁。
10. 宋晞，《宋史研究論叢》第一輯，臺北，中國文化研究所印行，民國 68 年 7 月再版，204 頁。
11. 宋晞，《宋史研究論叢》第二輯，臺北，中國文化研究所印行，民國 69 年 2 月再版，276 頁。
12. 李符桐，《回鶻史》，臺北，文風出版社印行，民國 52 年 7 月初版，247 頁。
13. 李劍農，《宋元明經濟史稿》，臺北，華世出版社印行，民國 70 年 2 月台初版，292 頁。
14. 何柄棣，《黃土與中國農業起源》，香港，中文大學印行，1969 年 4 月初版，228 頁。
15. 林天蔚，《宋史試析》，臺北，臺灣商務印書館印行，民國 67 年 6 月初版，330 頁。
16. 林旅芝，《西夏史》，臺北，鼎文書局印行，民國 68 年 7 月初版，335 頁。
17. 金毓黻，《宋遼金史》，臺北，洪氏出版印行，民國 63 年 9 月 11 日再版，124 頁。
18. 夏湘蓉、李仲均、王根元，《中國古代礦業開發史》，北京，地質出版社印行，1980 年 7 月第一版，442 頁。
19. 陝西省考古研究所，《陝西銅川耀州窯》，北京，科學出版社印行，1965 年 1 月 1 版，63 頁，另附圖版三十。
20. 黃河水庫考古隊，《三門峽漕運遺跡》，北京，科學出版社印行，1959 年 9 月第一版，129 頁，另附圖版四十二。
21. 張家駒，《兩宋經濟重心的南移》，武漢，湖北人民出版社印行，1957 年出版，171 頁。
22. 陳正祥，《中國文化地理》，臺北，龍田出版社印行，民國 71 年 4 月出版，290 頁.。
23. 陶晉生，《中國近古史》，臺北，東華書局印行，民國 68 年 10 月初版，374 頁。
24. 彭信威，《中國貨幣史》，上海，上海人民出版社，1965 年 11 月二版，675 頁。
25. 趙雅書，《宋代的田賦制度與田賦收入狀況》，臺北，國立臺灣大學出版委員會印行，民國 58 年 12 月初版，172 頁。
26. 劉伯驥，《宋代政教史》上、下冊，臺北，臺灣中華局印行，民國 60 年 12 月初版，1661 頁。
27. 戴裔煊，《宋代鈔鹽制度研究》，臺北，華世出版社印行，民國 71 年 9 月台一版，382 頁。
28. 不著撰人，《中國農業史話》，臺北，明文書局印行，民國 71 年 10 月初版，230 頁。

（二）期刊論文

1. 王日蔚，〈契丹與回鶻關係考〉，《禹貢半月刊》四卷八期，民國 24 年 12 月 16 日，頁 5～13。
2. 王德毅，〈略論宋代國計上的重大難題〉，收入《姚師從吾先生紀念論文集》（國立臺灣大學歷史系遼金元史研究室編印，民國 60 年 4 月），頁 127～143。
3. 朱重聖，《北宋茶之生產、管理與運銷》，私立中國文化大學史學研究所博士論文，民國 68 年 7 月，552 頁。
4. 汪伯琴，〈宋代西北邊境的榷場〉，《大陸雜誌》五十三卷六期，民國 65 年 12 月，頁 13～21。
5. 汪聖鐸，〈宋代官府的回易〉，《中國史研究》1981 年四期，1981 年 12 月 20 日，頁 74～82。
6. 宋常廉，〈北宋的馬政（上）、（中）、（下）〉，《大陸雜誌》二十五卷十、十一、十二期，民國 62 年 11 月 30 日、12 月 15 日、12 月 31 日，頁 19～22、19～22、24～30。
7. 吳峰雲，〈介紹西夏陵區的幾件文物〉，《文物》1978 年八期，1978 年 8 月，頁 82。
8. 林瑞翰，〈北宋之邊防〉，《國立臺灣大學文史哲學報》十九期，民國 59 年 6 月，頁 195～223。
9. 竺可楨，〈中國近五千年來氣候變遷的初步研究〉，《考古學報》1972 年一期，1972 年 10 月，頁 15～38。

10. 畑地正憲著，鄭樑生譯，〈北宋與遼的貿易及其歲贈〉，《食貨月刊》復刊四卷八期，民國 63 年 12 月 1 日，頁 32～47。
11. 畑地正憲著，鄭樑生譯，〈五代、北宋的府州折氏〉，《食貨月刊》復刊五卷五期，民國 64 年 8 月 1 日，頁 29～49。
12. 殷晴，〈關於大寶于闐國的若干問題〉，收入《新疆歷史論文集》續集（烏齊木齊，新疆人民出版社，1982 年 6 月第一次印刷），頁 241～258。
13. 許倬雲，〈傳統中國社會經濟史的若干特性〉，《食貨月刊》復刊十一卷五期，民國 70 年 8 月 1 日，頁 1～10。
14. 黃文弼，〈古樓蘭歷史及其在中西交通上之地位〉，《史學集刊》五期，民國 36 年 12 月，頁 111～146。
15. 黃盛璋，〈川陝交通的歷史發展〉，《地理學報》二十三卷四期，1957 年 11 月，頁 419～35。
16. 黃敏枝，《宋代寺院經濟的研究》，國立臺灣大學歷史研究所博士論文，民國 67 年 1 月，469 頁。
17. 黃寬重，〈略論南宋時代的歸正人〉（上）、（下），《食貨月刊》復刊七卷三、四期，民國 66 年 6、7 月，頁 1～10，1～12。
18. 張家駒，〈宋代分路考〉，收入《宋遼金元史論集》（臺北，漢聲出版社影印，民國 66 年 12 月臺一版），頁 62～81。
19. 陳國灿，〈西夏天慶間典當殘契的復原〉，《中國史研究》1980 年一期，1980 年 3 月 20 日，頁 143～150。
20. 程光裕，〈宋代川茶之產銷〉，收入《宋史研究集》第一輯（臺北，中華叢書編審委員會，民國 47 年 6 月印行），頁 279～293。
21. 程光裕，〈宋代川鹽之產銷〉，《學術季刊》二卷四期，民國 43 年 6 月，頁 52～64。
22. 傅宗文，〈宋代的草市鎮〉，《社會科學戰線》1982 年一期，1982 年 2 月 15 日，頁 116～125。
23. 傅樂成，〈中國民族與外來文化〉，收入《中國通史集論》（臺北，常春樹書坊印行，民國 61 年 9 月一版），頁 41～52。
24. 賈大泉，〈宋代四川地區的茶業和茶政〉，《歷史研究》1980 年四期，1980 年 4 月出版，頁 109～117。
25. 楊聯陞，〈傳統中國政府對城市商人的統制〉，收入《中國思想與制度論集》（臺北，聯經出版事業公司，民國 66 年 8 月修訂第二次印行），頁 373～402。
26. 寧夏回族自治區博物館，〈西夏陵區一〇八號墓發掘簡報〉，《文物》1978 年八期，1978 年 8 月，頁 71～76。

27. 寧夏回族自治區博物館，〈西夏八號陵發掘簡報〉，《文物》1978 年八期，1978 年 8 月，頁 60～70。

28. 廖隆盛，〈北宋對吐蕃政策〉，《國立師範大學歷史學報》四期，民國 65 年 4 月，頁 141～177。

29. 廖隆盛，〈宋夏關係中的青白鹽問題〉，《食貨月刊》復刊五卷十期，民國 65 年 1 月 1 日，頁 4～21。

30. 廖隆盛，〈北宋與遼、夏邊境的走私貿易問題〉（上）、（下），《食貨月刊》復刊十卷十一、十二期，民國 70 年 2 月 1 日、3 月 10 日，頁 5～20、18～32。

31. 廖隆盛，〈北宋對西夏的和市馭邊政策〉，《大陸雜誌》六十二卷四期，民國 70 年 4 月 15 日，頁 18～29。

32. 趙雅書，〈宋代蠶絲業的地理分佈〉，收入《宋史研究集》第七輯（臺北，中華叢書編審委員會，民國 63 年 9 月印行），頁 573～605。

33. 劉子健，〈略論宋代武官羣在統治階級中的地位〉，收入《青山博士古稀紀念：宋代史論叢》（東京，省心書房，1971 年 9 月 25 日出版），頁 477～487。

34. 韓桂華，《論宋代官府工場之組織及其物料、工匠來源》，私立中國文化大學史學研究所碩士論文，民國 72 年 6 月，296 頁。

35. 蕭啓慶，〈北亞遊牧民族南侵各種原因的檢討〉，收入《中國通史集論》（臺北，常春樹書坊印行，民國 61 年 9 月一版），頁 322～334。

36. 羅伯・哈特威爾（Robert Hartwell）著，宋晞譯，〈北宋的煤鐵革命〉，《新思潮》九十二期，民國 51 年 3 月 31 日，頁 22～25。

37. 羅球慶，〈宋夏戰爭中的蕃部與堡寨〉，《崇基學報》六卷二期，民國 67 年 5 月，頁 223～243。

二、日　文

（一）專　書

1. 青山定雄，《唐宋時代の交通と地誌地圖の研究》，東京，吉川弘文館印行，1963 年 3 月 31 日出版，617 頁。

2. 斯波義信，《宋代商業史研究》，東京，風間書房印行，1968 年 2 月出版，522 頁。

（二）期刊論文

1. 井上孝範，〈北宋期，陝西路の對外貿易について——榷場貿易を中心にして——〉，《九州共立大學紀要》十卷二號、十一卷一號合併號，1976 年 9 月，頁 1～19。

2. 井上孝範，〈沿邊の市易法——特に熙寧、元豐間の熙河路市易司を中心として——〉，《九州共立大學紀要》十卷二號，1978 年 2 月，頁 1～18。

3. 佐藤圭四郎，〈北宋時代における回紇商人の東漸〉，收入《星博士退官紀念：中國史論集》（日本山形市，山形大學，1978 年 1 月 28 日出版）頁 89～106。
4. 河上光一，〈宋代解鹽の生產額について〉，《東方學》五十輯，1975 年 7 月，頁 66～78。
5. 前田正名，〈西夏時代における河西を避ける交通路〉，《史林》四十二卷一期，1959 年 1 月，頁 79～103。
6. 宮崎市定，〈西夏の興起と青白鹽問題〉，收入《アジア史研究》第一冊（京都，同朋舍，1979 年三版），頁 293～310。
7. 斯波義信，〈宋代市糴制度の沿革〉，收入《青山博士古稀紀念：宋代史論叢》（東京，省心書房，1974 年 9 月 25 日出版），頁 123～159。

（三）英　文

1. James T.C. Liu & Peter J. Golas, ed, *Change in Sung China: Innovation or Renovation?* Taipei, Rainbow-Bridge Reprinted, 1972, 100p.